Gesellschaftsrecht

Einschlägige Gesetzestexte

Kommentiert
von
Rechtsanwalt

Hans Nagel

R. Oldenbourg Verlag
München 1981

Kommentierte Gesetze
herausgegeben von Martin Weigert

‚**Kommentierte Gesetze**' sind gegen Nachahmung urheberrechtlich bzw. wettbewerbsrechtlich geschützt.

Druck: Tutte Druckerei GmbH, Salzweg-Passau
Bindearbeiten: R. Oldenbourg Graphische Betriebe GmbH, München

Bürgerliches Gesetzbuch
Erstes Buch
Allgemeiner Teil
Erster Abschnitt
Personen

Zweiter Titel
Juristische Personen
I. Vereine

[*wobei nur die in §§ 21–23 gekennzeichneten Arten juristische Personen sind. Der nicht eingetragene Verein ist nicht rechtsfähig, § 54.*]

1. Allgemeine Vorschriften

[*§§ 21–53, die für die drei in §§ 21–23 geregelten rechtsfähigen Vereine gelten. Nach hM sind jedoch die §§ 24 ff auch auf den nichtrechtsfähigen Verein, § 54, anzuwenden.*]

§ 21 (Rechtsfähige Vereine: Idealverein)

Ein Verein, dessen [*Haupt-*]Zweck nicht auf einen wirtschaftlichen Geschäftsbetrieb [*dann: § 22*] gerichtet ist [*sondern geistige, sittliche, soziale, politische, religiöse, gesellige oder ähnliche ideelle Zwecke verfolgt*], erlangt Rechtsfähigkeit durch [*Erfüllung der formalen Eintragungsvoraussetzungen, §§ 55–79, und konstitutive*] Eintragung in das Vereinsregister des zuständigen Amtsgerichts [*Normativsystem*].

§ 22 (Rechtsfähige Vereine: Wirtschaftsverein)

(¹) Ein Verein, dessen [*Haupt-*]Zweck auf einen wirtschaftlichen Geschäftsbetrieb [*Erwerb und Gewinn*] gerichtet ist [*z. B. privatärztliche Verrechnungsstelle, Taxizentrale*], erlangt in Ermangelung besonderer reichsgesetzlicher Vorschriften [*eigene*] Rechtsfähigkeit [*die dann grundsätzlich eine Haftungsbeschränkung auf das Vereinsvermögen nach sich zieht, ausschließlich*] durch [*besondere*] staatliche Verleihung [*sog. Konzessionssystem*]. (²) Die Verleihung steht dem Bundesstaate zu, in dessen Gebiete der Verein seinen Sitz [*§ 24*] hat [*wird aber grds. nicht erteilt, da die gewünschte Rechtsform der juristischen Person jederzeit durch Gründung einer AG, GmbH, KGaA, eG erreicht werden kann*].

§ 23 (Ausländische Vereine)

Einem Vereine, der seinen Sitz [*im Ausland, also*] nicht in einem Bundesstaate hat [*und dort nicht rechtsfähig ist. Rechtsfähige ausländische Vereine gelten auch im Inland als rechtsfähig*], kann in Ermangelung besonderer reichsgesetzlicher Vorschriften Rechtsfähigkeit durch Beschluß des Bundesrats verliehen werden [*zuständig: Bundesinnenminister*].

§ 24 (Sitz)

Als Sitz [*vgl. §§ 7, 269*] eines Vereins gilt, wenn nicht [*in der Satzung*] ein anderes bestimmt ist, der Ort, an welchem die Verwaltung geführt wird.

§ 25 (Verfassung)

Die Verfassung eines rechtsfähigen Vereins [*§§ 21–23*] wird, soweit sie nicht auf den nachfolgenden Vorschriften beruht [*§§ 26 ff, 40*], durch die Vereinssatzung [*vgl. §§ 57 ff*] bestimmt.

§ 26 (Vorstand: Vertretungsmacht)

(I[1]) Der Verein muß [*§ 40*] einen Vorstand [*als Vereinsorgan*] haben [*der nicht Vereinsmitglied sein muß*]. ([2]) Der Vorstand kann aus mehreren Personen [*vgl. § 28*] bestehen. [*Neben dem Vorstand können besondere Vertreter bestellt werden, § 30.*]

(II[1]) Der Vorstand vertritt [*nach außen*] den Verein gerichtlich und außergerichtlich; er hat die Stellung eines gesetzlichen Vertreters [*§§ 164 bis 166. Außerdem Haftung des Vereins nach § 31*]. ([2]) Der Umfang seiner Vertretungsmacht kann durch die Satzung [*und Eintragung in das Vereinsregister, §§ 70, 68, 64 S 2*] mit Wirkung gegen Dritte beschränkt werden.

[*Wenn der Vorstand die in der Satzung festgelegten Beschränkungen seiner Vertretungsmacht überschreitet oder das Geschäft erkennbar außerhalb des Vereinszweckes liegt, gelten §§ 177 bis 180.*]

§ 27 (Vorstand: Bestellung und Geschäftsführung)

(I) Die Bestellung des Vorstandes erfolgt [*§ 40*] durch Beschluß der Mitgliederversammlung [*§ 32*].

(II[1]) Die Bestellung ist jederzeit widerruflich, unbeschadet des Anspruchs auf die vertragsmäßige Vergütung [*z.B. aus § 611*]. ([2]) Die Widerruflichkeit kann durch die Satzung auf den Fall beschränkt werden, daß ein wichtiger Grund für den Widerruf vorliegt; ein solcher Grund ist insbesondere grobe Pflichtverletzung oder Unfähigkeit zur ordnungsmäßigen Geschäftsführung.

(III) Auf die Geschäftsführung des Vorstandes [*im Innenverhältnis gegenüber dem Verein*] finden die für den [*unentgeltlichen*] Auftrag geltenden Vorschriften der §§ 664 bis 670 entsprechende Anwendung [*vgl. Anm. zu § 713, der sinngemäß gilt*].

§ 28 (Vorstand: Beschlußfassung und Passivvertretung)

(I) Besteht der Vorstand aus mehreren Personen [*vgl. § 26 I 2*], so erfolgt die Beschlußfassung nach [*Maßgabe der Satzung, §§ 40, 64, und nur subsidiär nach*] den für die Beschlüsse der Mitglieder des Vereins geltenden Vorschriften der §§ 32, 34.

(II) Ist eine Willenserklärung dem Vereine gegenüber abzugeben [*z.B. Mahnung, Kündigung*], so genügt die Abgabe gegenüber einem Mitgliede des Vorstandes [*vgl. § 40*].

§ 29 (Notvorstand)

Soweit die erforderlichen Mitglieder des Vorstandes fehlen [*weil z.B. ein Vorstandsmitglied durch Abwesenheit oder Krankheit verhindert, seine Wahl ungültig oder wegen §§ 28 I, 34, 181 an der Vertretung gehindert ist*], sind sie in dringenden Fällen für die Zeit bis zur Behebung des Mangels auf Antrag eines Beteiligten von dem Amtsgericht zu bestellen, das für den Bezirk, in dem der Verein seinen Sitz hat, das Vereinsregister führt.

§ 30 (Besondere Vertreter)

([1]) Durch die Satzung [*Gegensatz: durch rechtsgeschäftliche Vollmachtserteilung*] kann [*bei allen juristischen Personen des Zivilrechts, des öffentlichen Rechts, § 89, Stiftungen, § 86, und für den nichtrechtsfähigen Verein, § 54*] bestimmt werden, daß neben dem Vorstande [*als Vereinsorgan*] für gewisse Geschäfte »besondere Vertreter« [*die an Weisungen eines übergeordneten Organs gebunden sein können, aber immer eine gewisse Selbständigkeit nach außen haben müssen*] zu bestellen sind [*z. B. Filialleiter einer Zweigstelle; Direktoren, Kassenwart etc.*]. ([2]) Die Vertretungsmacht [*§§ 164 ff*] eines solchen [*besonderen*] Vertreters erstreckt sich im Zweifel auf alle Rechtsgeschäfte, die der ihm zugewiesene Geschäftskreis gewöhnlich mit sich bringt. [*Außerdem verpflichtet er den Verein nach § 31.*]

§ 31 (Haftung des Vereins für Organverhalten)

Der [*rechtsfähige, §§ 21–23*] Verein [*alle juristischen Personen des Privatrechts, vgl. z. B. § 86, juristische Personen des öffentlichen Rechts, § 89, der nichtrechtsfähige Verein, § 54, und in analoger Anwendung die OHG, § 124 I HGB, und die KG, §§ 161 II, 124 I HGB, nicht aber die BGB-Gesellschaft*] ist [*für schuldhafte Pflichtverletzungen ihrer Angestellten nach § 278 bzw. § 831 verantwortlich; für Organverschulden haftet sie nach § 31 ohne jede Möglichkeit eines Entlastungsbeweises, ist also*] für den [*vertraglichen, denn nach hM haftet der Verein im rechtsgeschäftlichen Bereich auch nach § 31, aber nicht nach § 278, und deliktischen*] Schaden verantwortlich, den der Vorstand, ein Mitglied des Vorstandes oder ein anderer verfassungsmäßig [*durch die Satzung*] berufener Vertreter [*iSd § 30 oder der geschäftsführende Gesellschafter der OHG, KG oder deren Repräsentant, z. B. Abteilungsleiter*] durch eine in [*nicht nur bei Gelegenheit der*] Ausführung der ihm zustehenden Verrichtungen begangene [*aus Vertrag, hM, z. B. pVV, §§ 280, 325, 268, 326, 463, 635 etc., oder Gesetz, ins. aus unerlaubter Handlung, §§ 823 ff*], zum Schadensersatze verpflichtende Handlung [*die auch darin liegen kann, daß für wichtige Aufgabenkreise kein verfassungsmäßig berufener Vertreter bestellt ist, sondern eine Hilfsperson, für die ein Entlastungsbeweis nach § 831 I 2 möglich ist, sog. Organisationsmangel*] einem Dritten [*der auch Vereinsmitglied sein kann*] zufügt. [*Neben dem Verein haftet der Handelnde auch persönlich, z. B. gemäß §§ 823 ff, 840.*]

§ 32 (Mitgliederversammlung)

(I[1]) Die Angelegenheiten des Vereins [*vgl. §§ 27 I, II 1, 33 I 1, 41 S 1, 48 I*] werden, soweit sie nicht von dem Vorstand [*§§ 27 III, 26 II, 28 II*] oder einem anderen Vereinsorgane [*z. B. § 30*] zu besorgen sind, durch Beschlußfassung [*d. h. Stimmabgabe*] in einer Versammlung der Mitglieder [*als oberstem Vereinsorgan*] geordnet. ([2]) Zur Gültigkeit des Beschlusses ist erforderlich, daß der Gegenstand bei der Berufung [*vgl. §§ 35, 36*] bezeichnet wird. ([3]) Bei der Beschlußfassung entscheidet die [*einfache*] Mehrheit der »erschienenen« Mitglieder. [*Das Erscheinen einer Mindestzahl ist zur Gültigkeit nicht erforderlich, wenn die Satzung nicht ein anderes bestimmt, § 40.*]

(II) Auch ohne Versammlung der Mitglieder ist ein Beschluß gültig, wenn alle Mitglieder ihre Zustimmung zu dem Beschlusse schriftlich erklären.

§ 33 (Mitgliederversammlung: Satzungsänderung)

(I[1]) Zu einem Beschlusse, der eine Änderung der Satzung enthält, ist eine Mehrheit von drei Vierteilen der erschienenen Mitglieder erforderlich. ([2]) Zur Änderung des Zweckes des Vereins ist die Zustimmung aller Mitglieder erforderlich; die Zustimmung der nicht erschienenen Mitglieder muß schriftlich erfolgen [*vgl. § 71 I*].

(II) Beruht die Rechtsfähigkeit des Vereins auf Verleihung [*vgl. §§ 22, 23*], so ist zu jeder Änderung der Satzung staatliche Genehmigung oder, falls die Verleihung durch den Bundesrat erfolgt ist, die Genehmigung des Bundesrats [*zuständig: Bundesminister des Innern*] erforderlich.

§ 34 (Mitgliederversammlung: Ausschluß vom Stimmrecht)

Ein Mitglied [*strittig für Organe*] ist nicht stimmberechtigt, wenn die Beschlußfassung die Vornahme eines Rechtsgeschäfts mit ihm oder die Einleitung oder Erledigung eines Rechtsstreits zwischen ihm und dem Vereine betrifft.

§ 35 (Mitgliederversammlung: Sonderrechte)

Sonderrechte eines Mitglieds [*z. B. ein satzungsgemäßes mehrfaches Stimmrecht*] können nicht ohne dessen Zustimmung durch Beschluß der Mitgliederversammlung beeinträchtigt werden. [*Ein Verstoß gegen § 35 kann Schadensersatzanspruch begründen. Soweit keine Sonderrechte in Rede stehen, gilt der Grundsatz der Gleichbehandlung.*]

§ 36 (Mitgliederversammlung: Berufung)

Die Mitgliederversammlung [*§ 32*] ist [*normalerweise durch den Vorstand*] in den durch die »Satzung bestimmten Fällen« sowie dann zu berufen [*vgl. § 32 I 2*], wenn »das Interesse des Vereins es erfordert« [*ferner im Falle des § 37, vgl. § 58 Nr. 4*].

§ 37 (Mitgliederversammlung: Berufung auf Verlangen einer Minderheit)

(I) Die Mitgliederversammlung [*§ 32*] ist zu berufen [*vgl. § 32 I 1*], wenn der durch die Satzung bestimmte Teil oder in Ermangelung einer Bestimmung der zehnte Teil der Mitglieder [*!*] die Berufung schriftlich unter Angabe des Zweckes und der Gründe verlangt [*!*].

(II[1]) Wird dem Verlangen nicht entsprochen, so kann das Amtsgericht die Mitglieder, die das Verlangen gestellt haben, zur Berufung der Versammlung ermächtigen; es kann Anordnungen über die Führung des Vorsitzes in der Versammlung treffen. ([2]) Zuständig ist das Amtsgericht, das für den Bezirk, in dem der Verein seinen Sitz hat, das Vereinsregister führt. ([3]) Auf die Ermächtigung muß bei der Berufung der Versammlung Bezug genommen werden [*Verfahren: § 160 FGG*].

§ 38 (Mitgliedschaft)

([1]) Die Mitgliedschaft ist nicht übertragbar und nicht vererblich. ([2]) Die Ausübung der Mitgliedschaftsrechte [*z. B. § 32*] kann nicht einem anderen [*Bevollmäch-*

tigten] überlassen werden. [*Die Satzung kann anderes bestimmen, § 40. Ende der Mitgliedschaft: § 39, Tod, Ausschluß.*]

§ 39 (Austritt)

(I) Die Mitglieder sind zum Austritt aus dem Vereine berechtigt.

(II) Durch die Satzung kann bestimmt werden, daß der Austritt nur am Schlusse eines Geschäftsjahrs oder erst nach dem Ablauf einer Kündigungsfrist zulässig ist; die Kündigungsfrist kann höchstens zwei Jahre betragen.

§ 40 (Nachgiebige Vorschriften)

Die Vorschriften des § 27 Abs. 1, 3, des § 28 Abs. 1 und der §§ 32, 33, 38 finden insoweit keine Anwendung, als die Satzung ein anderes bestimmt.

§ 41 (Auflösung)

(¹) Der Verein kann durch Beschluß der Mitgliederversammlung [*§ 32*] aufgelöst werden [*ferner durch Verlust sämtlicher Mitglieder, S 2, oder Zeitablauf, § 74 II 1, oder Fusion mit einem anderen Verein*]. (²) Zu dem Beschluß ist eine Mehrheit von drei Vierteilen der erschienenen Mitglieder erforderlich, wenn nicht die Satzung ein anderes bestimmt [*Folge: Rechtsfähigkeit endet; Anfall des Vereinsvermögens nach §§ 45ff; Vereinsregister: § 74 I 1, II*].

§ 42 (Verlust der Rechtsfähigkeit, Konkurs)

(I) Der Verein verliert die Rechtsfähigkeit [*vgl. §§ 21 bis 23*] durch die Eröffnung [*§ 75*] des Konkurses [*hört also auf, juristische Person zu sein, kann aber als nichtrechtsfähiger Verein, § 54, weiterbestehen*].

(II¹) Der Vorstand hat im Falle der Überschuldung die Eröffnung des Konkursverfahrens [*§ 213 KO*] oder des gerichtlichen Vergleichsverfahrens [*§ 108 VerglO*] zu beantragen. (²) Wird die Stellung des Antrags verzögert, so sind die Vorstandsmitglieder, denen ein Verschulden zur Last fällt, den Gläubigern für den daraus entstehenden Schaden verantwortlich; sie haften als Gesamtschuldner [*nach §§ 421 bis 425*].

§ 43 (Entzug der Rechtsfähigkeit)

(I) Dem Vereine kann die Rechtsfähigkeit entzogen werden [*Verfahren: § 44, vgl. auch § 73*], wenn er durch einen gesetzwidrigen Beschluß der Mitgliederversammlung oder durch gesetzwidriges Verhalten des Vorstandes das Gemeinwohl gefährdet. [*Wirkung: Im Gegensatz zum Verbot des Vereins, nach §§ 1, 3 VereinsG, erlischt nur die Rechtsfähigkeit.*]

(II) Einem Vereine, dessen Zweck nach der Satzung nicht auf einen wirtschaftlichen Geschäftsbetrieb gerichtet ist, kann die Rechtsfähigkeit entzogen werden, wenn er einen solchen Zweck verfolgt [*vgl. §§ 21, 22*].

(III) **(aufgehoben)**

(IV) Einem Vereine, dessen Rechtsfähigkeit auf Verleihung beruht [*§§ 22, 23, 33 II*], kann die Rechtsfähigkeit entzogen werden, wenn er einen anderen als den in der Satzung bestimmten Zweck verfolgt.

§ 44 (Zuständigkeit und Verfahren)

(I) Die Zuständigkeit und das Verfahren bestimmen sich in den Fällen des § 43 nach dem Recht des Landes, in dem der Verein seinen Sitz hat.

(II) Beruht die Rechtsfähigkeit auf Verleihung durch den Bundesrat, so erfolgt die Entziehung durch Beschluß des Bundesrats [*zuständig: Bundesminister des Innern*].

§ 45 (Anfall des Vereinsvermögens)

(I) Mit der Auflösung des Vereins [*§ 41*] oder der Entziehung der Rechtsfähigkeit [*§§ 43, 44, 73*] fällt das Vermögen an die in der Satzung bestimmten Personen [*oder Abs. III; Wirkung: §§ 47, 48, 49 I 1*].

(II[1]) Durch die Satzung kann vorgeschrieben werden, daß die Anfallberechtigten durch Beschluß der Mitgliederversammlung oder eines anderen Vereinsorgans bestimmt werden. ([2]) Ist der Zweck des Vereins nicht auf einen wirtschaftlichen Geschäftsbetrieb gerichtet, so kann die Mitgliederversammlung auch ohne eine solche Vorschrift das Vermögen einer öffentlichen Stiftung oder Anstalt zuweisen.

(III) Fehlt es an einer Bestimmung der Anfallberechtigten [*Abs. I*], so fällt das Vermögen, wenn der Verein nach der Satzung ausschließlich den Interessen seiner Mitglieder diente [*vgl. § 35*], an die zur Zeit der Auflösung oder der Entziehung der Rechtsfähigkeit vorhandenen Mitglieder zu gleichen Teilen, anderenfalls an den Fiskus des Bundesstaats, in dessen Gebiete der Verein seinen Sitz hatte [*und zwar ohne Liquidation im Wege der Gesamtrechtsnachfolge, vgl. §§ 46 S 1, 1922, 1967 I*].

§ 46 (Anfall an Fiskus)

([1]) Fällt das Vereinsvermögen an den Fiskus [*vgl. § 45 III*], so finden die Vorschriften über eine dem Fiskus als gesetzlichem Erben anfallende Erbschaft entsprechende Anwendung [*§§ 1936, 1942 II, 1966, 2011*]. ([2]) Der Fiskus hat das Vermögen tunlichst in einer den Zwecken des Vereins entsprechenden Weise zu verwenden.

§ 47 (Liquidation)

Fällt das Vereinsvermögen nicht an den Fiskus [*vgl. §§ 45, 46 S 1*], so muß eine Liquidation stattfinden [*vgl. § 49 II*].

§ 48 (Liquidatoren)

(I[1]) Die Liquidation [*Verfahren: §§ 49 I, 50 bis 52*] erfolgt durch den Vorstand. ([2]) Zu Liquidatoren können auch andere Personen bestellt werden; für die Bestellung sind die für die Bestellung des Vorstandes geltenden Vorschriften maßgebend [*§§ 27, 29, 76, 77*].

(II) Die Liquidatoren haben die rechtliche Stellung des Vorstandes [*§§ 26, 27 III, 28 mit der Einschränkung des Abs. III, §§ 31, 34, 42 II*], soweit sich nicht aus dem Zwecke der Liquidation ein anderes ergibt.

(III) Sind mehrere Liquidatoren vorhanden, so ist für ihre Beschlüsse Übereinstimmung aller erforderlich, sofern nicht ein anderes bestimmt ist.

§ 49 (Aufgaben der Liquidatoren)

(I[1]) Die Liquidatoren [*§ 48*] haben die laufenden Geschäfte zu beendigen, die Forderungen einzuziehen, das übrige Vermögen in Geld umzusetzen, die Gläubiger zu befriedigen und den Überschuß [*nach Ablauf eines Sperrjahres, § 51*] den Anfallberechtigten [*§ 45*] auszuantworten [*vgl. ferner: §§ 50 bis 53*]. ([2]) Zur Beendigung schwebender Geschäfte können die Liquidatoren auch neue Geschäfte eingehen. ([3]) Die Einziehung der Forderungen sowie die Umsetzung des übrigen Vermögens in Geld darf unterbleiben, soweit diese Maßregeln nicht zur Befriedigung der Gläubiger oder zur Verteilung des Überschusses unter die Anfallberechtigten erforderlich sind.

(II) Der Verein gilt bis zur Beendigung der Liquidation [*Abs. I S 1*] als fortbestehend, soweit der Zweck der Liquidation es erfordert.

§ 50 (Öffentliche Bekanntmachung)

(I[1]) Die Auflösung des Vereins oder die Entziehung der Rechtsfähigkeit ist durch die Liquidatoren öffentlich bekanntzumachen. ([2]) In der Bekanntmachung sind die Gläubiger zur Anmeldung ihrer Ansprüche aufzufordern. ([3]) Die Bekanntmachung erfolgt durch das in der Satzung für Veröffentlichungen bestimmte Blatt, in Ermangelung eines solchen durch dasjenige Blatt, welches für Bekanntmachungen des Amtsgerichts bestimmt ist, in dessen Bezirke der Verein seinen Sitz hatte. ([4]) Die Bekanntmachung gilt mit dem Ablaufe des zweiten Tages nach der Einrückung oder der ersten Einrückung als bewirkt.

(II) Bekannte Gläubiger sind durch besondere Mitteilung zur Anmeldung aufzufordern.

§ 51 (Sperrjahr)

Das Vermögen darf den Anfallberechtigten [*§ 45*] nicht vor dem Ablauf eines Jahres nach der Bekanntmachung der Auflösung des Vereins oder der Entziehung der Rechtsfähigkeit ausgeantwortet werden [*vgl. § 49 I 1*].

§ 52 (Hinterlegung und Sicherheitsleistung)

(I) Meldet sich ein bekannter Gläubiger nicht, so ist der geschuldete Betrag, wenn die Berechtigung zur Hinterlegung [*§§ 372 ff*] vorhanden ist, für den Gläubiger zu hinterlegen.

(II) Ist die Berichtigung einer Verbindlichkeit zur Zeit nicht ausführbar oder ist eine Verbindlichkeit streitig, so darf das Vermögen den Anfallberechtigten nur ausgeantwortet werden, wenn dem Gläubiger Sicherheit geleistet ist [*§§ 232 ff*].

§ 53 (Schadensersatzpflicht der Liquidatoren)

Liquidatoren, welche die ihnen nach dem § 42 Abs. 2 und den §§ 50 bis 52 obliegenden Verpflichtungen verletzen oder vor der Befriedigung der Gläubiger Vermögen den Anfallberechtigten ausantworten, sind, wenn ihnen ein Verschulden zur Last fällt, den Gläubigern für den daraus entstehenden Schaden verantwortlich; sie haften als Gesamtschuldner [*nach §§ 421 bis 425*].

§ 54 (Nichtrechtsfähige Vereine)

(1) Auf Vereine [*die auf ideelle oder erwerbswirtschaftliche Zweckverfolgung angelegt sein können, wie Skat-, Wander-, Tanzklub, Studentenverbindungen, die Gewerkschaften, die Heilsarmee*], die [*jedoch wegen fehlender Registereintragung, §§ 21, 55, oder staatlicher Verleihung, § 22*] nicht rechtsfähig sind [*aber wie der rechtsfähige Verein körperschaftlich organisiert sind, z. B. einen Vorstand haben, einen nach § 12 geschützten Gesamtnamen führen und im Bestand vom Wechsel der Mitglieder unabhängig sind*], finden die [*durch die Satzung weitgehend abdingbaren*] Vorschriften über die [*ebenfalls nicht rechtsfähige*] Gesellschaft [*§§ 705 ff*] Anwendung [*-die Gesellschaft, der körperschaftliche Organe fehlen, vgl. §§ 714, 709, die vom Mitgliederwechsel abhängig ist, vgl. §§ 723, 727, und deren Mitglieder persönlich haften, §§ 714, 427, 421. Die hM wendet daher anstelle der Gesellschaftsvorschriften weitgehend die Regeln des rechtsfähigen Vereins, §§ 25–41, 53,47 ff, entsprechend an. Unanwendbar sind z. B. der Verschuldensmaßstab des § 708, der durch § 32 ersetzt ist, die Geschäftsführungsbefugnis, §§ 709, 710, 712, die durch §§ 26, 27, 28, 29, str., verdrängt wird, Austrittsgründe der §§ 723, 724, die ersetzt sind durch § 39, die Auseinandersetzungsregeln, §§ 730 ff, die ersetzt sind durch die besonderen Liquidationsvorschriften, §§ 47 ff. Anwendbar bleiben namentlich die Vorschriften über das Vereinsvermögen, §§ 718, 719: es ist zwingend Gesamthandsvermögen der Mitglieder; und § 714: die Mitglieder trifft keine persönliche Haftung, da beim Idealverein der Vorstand die Mitglieder nur zur Haftung mit dem Vereinsvermögen verpflichten kann. Auch nur das Vereinsvermögen haftet gemäß § 31 für Organverschulden*]. (2) Aus einem Rechtsgeschäfte, das [*von einem Vertreter, einerlei, ob mit oder ohne Vertretungsmacht und ob überhaupt Vereinsmitglied*] im Namen eines solchen Vereins einem Dritten [*auch Vereinsmitglied*] gegenüber vorgenommen wird, haftet der Handelnde [*Vorstand, Angestellte etc. seinem Vertragspartner kraft gesetzlicher Garantiehaftung stets*] persönlich [*soweit die Haftung nicht im Einzelfall vertraglich abbedungen ist*]; handeln mehrere, so haften sie als Gesamtschuldner [*nach §§ 421–425, selbst dann, wenn der Vertragspartner wußte, daß der Handelnde Vertreter eines nichtrechtsfähigen Vereins ist, denn §§ 177, 179 III sind durch § 54 S 2 ausgeschlossen*]. [*Prozessuale Fragen: Ein vollstreckbarer Titel auf Grund einer Klage gegen den nichtrechtsfähigen Verein, § 50 II ZPO, ermöglicht die Zwangsvollstreckung in das Vereinsvermögen, § 735 ZPO. Da der nichtrechtsfähige Verein mit Ausnahme der Gewerkschaften, BGHZ 50, 325 ff, im Aktivprozeß nicht parteifähig ist, § 50 I ZPO, sind die Mitglieder im Prozeß Partei. Sie sind dann notwendige Streitgenossen iSd § 62 I 2. Alt ZPO. Zum Konkurs des Vereinsvermögens: § 213 KO, § 108 VerglO.*]

2. Eingetragene Vereine

[Die besonderen Vorschriften der §§ 55–79 regeln nur die formalen Voraussetzungen der Eintragung in das Vereinsregister. Für die Mitgliedschaft, die Bestellung, Abberufung und Vertretungsmacht des Vereinsvorstandes, über das Bestimmungsrecht der Mitgliederversammlung etc. gelten die allgemeinen Vorschriften der §§ 24–53.]

§ 55 (Vereinsregister)

(I) Die Eintragung [*§§ 56–66*] eines [*Ideal-*]Vereins der im § 21 bezeichneten Art in das Vereinsregister [*zur Erlangung der Rechtsfähigkeit*] hat bei dem Amtsgerichte zu geschehen, in dessen Bezirke der Verein seinen Sitz hat. [*Sie darf nur erfolgen, wenn die Voraussetzungen der zwingenden Vorschriften der §§ 57 I, 59 I, II erfüllt sind, der Gründungsvertrag nicht gegen Gesetz oder die guten Sitten, §§ 134, 138, verstößt, der Verein keinen wirtschaftlichen Geschäftsbetrieb bezweckt und die Satzung nicht gegen zwingende Vorschriften der §§ 26ff verstößt. Zuständig ist nach §§ 159, 160, 162 FGG für Vereinssachen das Amtsgericht.*]

(II) Die Landesjustizverwaltungen können die Vereinssachen einem Amtsgericht für die Bezirke mehrerer Amtsgerichte zuweisen.

§ 56 (Mindestzahl der Mitglieder)

Die Eintragung soll nur erfolgen, wenn die Zahl der Mitglieder mindestens sieben beträgt [*vgl. §§ 59 III, 73*].

§ 57 (Satzung: Mindestinhalt)

(I) Die Satzung muß [*vgl. §§ 25, 40, 41*] den Zweck, den Namen und den Sitz des Vereins enthalten und ergeben, daß der Verein eingetragen werden soll.

(II) Der Name soll sich von den Namen der an demselben Orte oder in derselben Gemeinde bestehenden eingetragenen Vereine deutlich unterscheiden [*vgl. § 12 zum Namensschutz*].

§ 58 (Satzung: weitere Erfordernisse)

Die Satzung soll Bestimmungen enthalten:

1. über den Eintritt und Austritt der Mitglieder [*§ 39*];
2. darüber, ob und welche Beiträge von den Mitgliedern zu leisten sind;
3. über die Bildung des Vorstandes [*§§ 26, 27, 28, 40*];
4. über die Voraussetzungen, unter denen die Mitgliederversammlung zu berufen ist [*§§ 36, 37*], über die Form der Berufung und über die Beurkundung der Beschlüsse.

§ 59 (Anmeldung)

(I) Der Vorstand [*§§ 27 I, 40*] hat den Verein zur Eintragung [*beim Amtsgericht in öffentlich beglaubigter Form, §§ 77, 129*] anzumelden.

(II) Der Anmeldung sind beizufügen:

1. die Satzung [*vgl. § 57 I*] in Urschrift und Abschrift;
2. eine Abschrift der Urkunden über die Bestellung des Vorstandes.

(III) Die Satzung soll von mindestens sieben Mitgliedern unterzeichnet sein und die Angabe des Tages der Errichtung enthalten.

§ 60 (Zurückweisung der Anmeldung)

Die Anmeldung ist, wenn den Erfordernissen der §§ 56 bis 59 nicht genügt ist, von dem Amtsgericht unter Angabe der Gründe zurückzuweisen.

§ 61 (Einspruchsrecht der Verwaltungsbehörde)

(I) Wird die Anmeldung zugelassen, so hat das Amtsgericht sie der zuständigen Verwaltungsbehörde mitzuteilen.

(II) Die Verwaltungsbehörde kann gegen die Eintragung Einspruch erheben, wenn der Verein nach dem öffentlichen Vereinsrecht unerlaubt ist oder verboten werden kann.

§ 62 (Mitteilung des Einspruchs)

Erhebt die Verwaltungsbehörde Einspruch, so hat das Amtsgericht den Einspruch dem Vorstande mitzuteilen.

§ 63 (Voraussetzungen der Eintragung)

(I) Die Eintragung darf, sofern nicht die Verwaltungsbehörde dem Amtsgericht mitteilt, daß Einspruch nicht erhoben werde, erst erfolgen, wenn seit der Mitteilung der Anmeldung an die Verwaltungsbehörde sechs Wochen verstrichen sind und Einspruch nicht erhoben ist oder wenn der erhobene Einspruch seine Wirksamkeit verloren hat [*vgl. Abs. II*].

(II) Der Einspruch wird unwirksam, wenn die nach den Bestimmungen des Vereinsgesetzes zuständige Behörde nicht binnen eines Monats nach Einspruchserhebung ein Verbot des Vereins ausgesprochen hat oder wenn das rechtzeitig ausgesprochene Verbot zurückgenommen oder unanfechtbar aufgehoben worden ist.

§ 64 (Inhalt der Eintragung)

([1]) Bei der Eintragung sind der Name und der Sitz des Vereins, der Tag der Errichtung der Satzung sowie die Mitglieder des Vorstandes [*strittig, ob auch die nach § 30 bestellten Vertreter*] im Vereinsregister anzugeben. ([2]) Bestimmungen, die den Umfang der Vertretungsmacht des Vorstandes beschränken [*§ 26 II 2*] oder die Beschlußfassung des Vorstandes abweichend von der Vorschrift des § 28 Abs. 1 regeln, sind gleichfalls einzutragen [*§§ 70, 68*].

§ 65 (Zusatz »e. V.«)

Mit der Eintragung erhält der Name des Vereins den Zusatz »eingetragener Verein«.

§ 66 (Bekanntmachung)

(I) Das Amtsgericht hat die Eintragung durch das für seine Bekanntmachungen bestimmte Blatt zu veröffentlichen.

(II[1]) Die Urschrift der Satzung ist mit der Bescheinigung der Eintragung zu versehen und zurückzugeben. ([2]) Die Abschrift wird von dem Amtsgerichte beglaubigt und mit den übrigen Schriftstücken aufbewahrt.

§ 67 (Änderung des Vorstandes)

(I[1]) Jede Änderung des Vorstands ist von dem Vorstand zur Eintragung [*in öffentlich beglaubigter Form, §§ 77, 129*] anzumelden. ([2]) Der Anmeldung ist eine Abschrift der Urkunde über die Änderung beizufügen [*Zwangsgeld: § 78*].

(II) Die Eintragung gerichtlich bestellter Vorstandsmitglieder [*vgl. § 29*] erfolgt von Amts wegen.

§ 68 (Negative Publizität)

([1]) Wird zwischen den bisherigen Mitgliedern des Vorstandes [*§ 67 bzw. § 30*] und einem Dritten ein Rechtsgeschäft vorgenommen, so kann die Änderung des Vorstandes dem Dritten nur entgegengesetzt werden, wenn sie zur Zeit der Vornahme des Rechtsgeschäfts im Vereinsregister eingetragen oder dem Dritten bekannt ist. ([2]) Ist die Änderung eingetragen, so braucht der Dritte sie nicht gegen sich gelten zu lassen, wenn er sie nicht kennt, seine Unkenntnis auch nicht auf Fahrlässigkeit beruht [*vgl. § 79. Bei Rechtsgeschäften von Personen, die nicht Vorstand oder sonst zur Vertretung berechtigt waren, gelten §§ 177 bis 180*].

§ 69 (Registerauszug)

Der Nachweis, daß der Vorstand aus den im Register eingetragenen Personen besteht, wird Behörden gegenüber [*gegenüber Privaten entscheidet die wahre Rechtslage oder die Kenntnis davon, § 68*] durch ein Zeugnis des Amtsgerichts über die Eintragung geführt [*vgl. § 162 FGG*].

§ 70 (Beschränkung der Vertretungsmacht; Beschlußfassung)

Die Vorschriften des § 68 gelten auch [*vgl. § 26 II 2*] für Bestimmungen, die den Umfang der Vertretungsmacht des Vorstandes beschränken oder die Beschlußfassung des Vorstandes abweichend von der Vorschrift des § 28 Abs. 1 regeln.

§ 71 (Satzungsänderung)

(I[1]) Änderungen der Satzung bedürfen zu ihrer Wirksamkeit [*im Innen- und Außenverhältnis*] der Eintragung in das Vereinsregister. ([2]) Die Änderung ist von dem Vorstande zur Eintragung [*in öffentlich beglaubigter Form, §§ 77, 129*] anzumelden. ([3]) Der Anmeldung ist der die Änderung enthaltende Beschluß in Urschrift und Abschrift beizufügen [*vgl. § 33*].

(II) Die Vorschriften der §§ 60 bis 64 und des § 66 Abs. 2 finden entsprechende Anwendung.

§ 72 (Bescheinigung der Mitgliederzahl)

Der Vorstand hat dem Amtsgericht auf dessen Verlangen jederzeit eine von ihm vollzogene Bescheinigung über die Zahl der Vereinsmitglieder einzureichen [*vgl. §§ 37, 73, § 78: Zwangsgeld*].

§ 73 (Entziehung der Rechtsfähigkeit wegen zu geringer Mitgliederzahl)

Sinkt die Zahl der Vereinsmitglieder unter drei herab, so hat das Amtsgericht auf Antrag des Vorstandes und, wenn der Antrag nicht binnen drei Monaten gestellt wird, von Amts wegen nach Anhörung des Vorstandes dem Vereine die Rechtsfähigkeit zu entziehen [*Rechtsmittel: §§ 160a, 22 I, 27 FGG. Fallen sämtliche Mitglieder weg, so ist der Verein aufgelöst, §§ 41, 45*].

§ 74 (Eintragung der Auflösung)

(I[1]) Die Auflösung des Vereins [*§ 41*] sowie die Entziehung der Rechtsfähigkeit [*§§ 43, 73*] ist in das Vereinsregister einzutragen. ([2]) Im Falle der Eröffnung des Konkurses unterbleibt die Eintragung [*§§ 42, 75*].

(II[1]) Wird der Verein durch Beschluß der Mitgliederversammlung oder durch den Ablauf der für die Dauer des Vereins bestimmten Zeit aufgelöst, so hat der Vorstand die Auflösung zur Eintragung anzumelden [*§ 77*]. ([2]) Der Anmeldung ist im ersteren Falle eine Abschrift des Auflösungsbeschlusses beizufügen.

(III) Wird dem Verein auf Grund des § 43 die Rechtsfähigkeit entzogen, so erfolgt die Eintragung auf Anzeige der zuständigen Behörde [*vgl. § 44*].

§ 75 (Konkurseröffnung)

([1]) Die Eröffnung des Konkurses ist von Amts wegen einzutragen. ([2]) Das gleiche gilt von der Aufhebung des Eröffnungsbeschlusses.

§ 76 (Eintragung der Liquidatoren)

(I[1]) Die Liquidatoren sind in das Vereinsregister einzutragen. ([2]) Das gleiche gilt von Bestimmungen, welche die Beschlußfassung der Liquidatoren abweichend von der Vorschrift des § 48 Abs. 3 regeln [*§ 78 Abs. II: Zwangsgeld*].

(II[1]) Die Anmeldung hat durch den Vorstand, bei späteren Änderungen durch die Liquidatoren zu erfolgen. ([2]) Der Anmeldung der durch Beschluß der Mitgliederversammlung bestellten Liquidatoren ist eine Abschrift des Beschlusses, der Anmeldung einer Bestimmung über die Beschlußfassung der Liquidatoren eine Abschrift der die Bestimmung enthaltenden Urkunde beizufügen.

(III) Die Eintragung gerichtlich bestellter Liquidatoren [*§§ 48, 29*] geschieht von Amts wegen.

§ 77 (Form der Registeranmeldungen)

Die Anmeldungen zum Vereinsregister sind von den Mitgliedern des Vorstandes sowie von den Liquidatoren mittels öffentlich beglaubigter Erklärung zu bewirken [*§ 129*].

§ 78 (Zwangsgeld)

(I) Das Amtsgericht kann die Mitglieder des Vorstandes zur Befolgung der Vorschriften des § 67 Abs. 1, des § 71 Abs. 1, des § 72, des § 74 Abs. 2 und des § 76 durch Festsetzung von Zwangsgeld anhalten.

(II) In gleicher Weise können die Liquidatoren zur Befolgung der Vorschriften des § 76 angehalten werden.

§ 79 (Einsicht in das Vereinsregister)

(1) Die Einsicht des Vereinsregisters [*vgl. §§ 68 bis 70*] sowie der von dem Vereine bei dem Amtsgericht eingereichten Schriftstücke ist jedem gestattet [*Ausnahme von §§ 34, 162 FGG*]. (2) Von den Eintragungen kann eine Abschrift gefordert werden; die Abschrift ist auf Verlangen zu beglaubigen.

II. [Rechtsfähige] Stiftungen

[des Privatrechts, §§ 80 bis 88. Stiftungen des öffentlichen Rechts, § 89. Für die unselbständige Stiftung gelten die §§ 80 ff nicht. Sie ist eine Zuwendung an eine natürliche oder juristische Person mit der Auflage, §§ 525 ff, 2192 ff, das Vermögen unter besonderem Namen zu verwalten und zu dem angeordneten Zwecke zu verwenden.]

§ 80 (Entstehung)

(1) Zur Entstehung einer rechtsfähigen Stiftung [*als juristischer Person*] ist außer dem Stiftungsgeschäfte [*§ 81 oder § 83*] die Genehmigung des Bundesstaats erforderlich, in dessen Gebiete die Stiftung ihren Sitz haben soll. (2) Soll die Stiftung ihren Sitz nicht in einem Bundesstaate haben, so ist die Genehmigung des Bundesrats erforderlich. (3) Als Sitz der Stiftung gilt, wenn nicht ein anderes bestimmt ist, der Ort, an welchem die Verwaltung geführt wird.

§ 81 (Stiftungsgeschäft unter Lebenden)

(I) Das Stiftungsgeschäft unter Lebenden bedarf der schriftlichen Form. [*§ 126. Das Stiftungsgeschäft ist eine einseitige, nicht empfangsbedürftige Willenserklärung, die wirksam ist, sobald die Stifter die schriftliche Stiftungserklärung mit seiner Unterschrift fertiggestellt hat.*]

(II1) Bis zur Erteilung der Genehmigung ist der Stifter zum Widerrufe berechtigt. (2) Ist die Genehmigung bei der zuständigen Behörde nachgesucht, so kann der Widerruf nur dieser gegenüber erklärt werden. (3) Der Erbe des Stifters ist zum Widerrufe nicht berechtigt, wenn der Stifter das Gesuch bei der zuständigen Behörde eingereicht oder im Falle der notariellen Beurkundung des Stiftungsgeschäfts den Notar bei oder nach der Beurkundung mit der Einreichung betraut hat.

§ 82 (Vermögensübertragung auf die Stiftung)

(1) Wird die Stiftung [*§ 81*] genehmigt, so ist der Stifter verpflichtet, das in dem Stiftungsgeschäfte zugesicherte Vermögen auf die Stiftung zu übertragen [*z. B. nach §§ 929 ff; 873 I, 925*]. (2) Rechte, zu deren Übertragung der Abtretungsvertrag

genügt [*z. B. Forderungen, § 398, nicht § 1154*], gehen mit der Genehmigung [*kraft Gesetzes von selbst*] auf die Stiftung über, sofern nicht aus dem Stiftungsgeschäfte sich ein anderer Wille des Stifters ergibt.

§ 83 (Stiftung von Todes wegen)

Besteht das Stiftungsgeschäft in einer Verfügung von Todes wegen [*Testament, § 1937, oder Erbvertrag, § 1941*], so hat das Nachlaßgericht die Genehmigung einzuholen, sofern sie nicht von dem Erben oder dem Testamtentsvollstrecker nachgesucht wird.[*Das Vermögen geht dann durch Gesamtrechtsnachfolge, §§ 1922, 2176, auf die Stiftung über.*]

§ 84 (Genehmigung nach Tod des Stifters)

Wird die Stiftung [*§§ 81 und 83*] erst nach dem Tode des Stifters genehmigt, so gilt sie für die Zuwendungen des Stifters als schon vor dessen Tode entstanden. [*Das Vermögen geht dann kraft Gesetzes, §§ 1922, 2176, auf die Stiftung über.*]

§ 85 (Stiftungsverfassung)

Die Verfassung einer Stiftung wird, soweit sie [*die Verfassung*] nicht auf Reichs- oder Landesgesetz beruht, durch das Stiftungsgeschäft [*§§ 81, 83*] bestimmt.

§ 86 (Anwendung der Vorschriften des Vereinsrechts)

(1) Die Vorschriften des § 26 [*Vorstand*], des § 27 Abs. 3 und der §§ 28 bis 31 [*Haftung für Organe*], 42 [*Ende durch Konkurseröffnung; Wirkung: § 88*] finden auf Stiftungen entsprechende Anwendung, die Vorschriften des § 27 Abs. 3 und des § 28 Abs. 1 jedoch nur insoweit, als sich nicht aus der Verfassung, insbesondere daraus, daß die Verwaltung der Stiftung von einer öffentlichen Behörde geführt wird, ein anderes ergibt. (2) Die Vorschriften des § 28 Abs. 2 und des § 29 finden auf Stiftungen, deren Verwaltung von einer öffentlichen Behörde geführt wird, keine Anwendung.

§ 87 (Zweckänderung oder Aufhebung der Stiftung)

(I) Ist die Erfüllung des Stiftungszwecks unmöglich geworden oder gefährdet sie das Gemeinwohl, so kann die zuständige Behörde der Stiftung eine andere Zweckbestimmung geben oder sie aufheben [*Wirkung: § 88*].

(II1) Bei der Umwandlung des Zweckes ist die Absicht des Stifters tunlichst zu berücksichtigen, insbesondere dafür Sorge zu tragen, daß die Erträge des Stiftungsvermögens dem Personenkreise, dem sie zustatten kommen sollten, im Sinne des Stifters tunlichst erhalten bleiben. (2) Die Behörde kann die Verfassung der Stiftung ändern, soweit die Umwandlung des Zweckes es erfordert.

(III) Vor der Umwandlung des Zweckes und der Änderung der Verfassung soll der Vorstand der Stiftung gehört werden.

§ 88 (Vermögensanfall)

([1]) Mit dem Erlöschen der Stiftung [*§§ 87 I; 86 S 1, 42*] fällt das Vermögen an die in der Verfassung bestimmten Personen. ([2]). Die Vorschriften der §§ 46 bis 53 finden entsprechende Anwendung [*auf die Liquidation*].

III. Juristische Personen des öffentlichen Rechtes

[§ 89]

§ 89 (Haftung des Staates etc. bei privatrechtlichem Handeln)

(I) Die Vorschrift des § 31 [*bzw. §§ 278, 831, und nicht die Haftung nach Art. 34 GG*] findet [*bei fiskalischer, d. h. privatrechtlicher Tätigkeit*] auf den Fiskus sowie auf die [*anstellenden*] Körperschaften [*Gebietskörperschaften, z. B. Bundesrepublik Deutschland, Länder, Gemeinden, Berufsverbände wie Anwaltskammern etc.*], Stiftungen und Anstalten des öffentlichen Rechtes [*z. B. Universitäten*] entsprechende Anwendung [*d. h. es haftet die anstellende Körperschaft, wenn ein Beamter, § 31, oder sonstiger Sachwalter, §§ 278, 831, bei fiskalischer Tätigkeit einen Dritten in Ausführung und nicht nur bei Gelegenheit seiner Amtspflicht schuldhaft rechtswidrig schädigt*].

(II) Das gleiche gilt, soweit bei Körperschaften, Stiftungen und Anstalten des öffentlichen Rechtes der Konkurs zulässig ist, von der Vorschrift des § 42 Abs. 2.

Bürgerliches Gesetzbuch
Zweites Buch
Recht der Schuldverhältnisse
Siebenter Abschnitt
Einzelne Schuldverhältnisse

Vierzehnter Titel
Gesellschaft

[§§ 705–740]

§ 705 (Begriffliche Merkmale des Gesellschaftsvertrags)

Durch den Gesellschaftsvertrag [*er kann nach §§ 145ff ausdrücklich oder stillschweigend vereinbart sein. Für Form besteht nur in § 313 eine Vorschrift. Bei Vertragsschluß beschränkt Geschäftsfähiger ist Genehmigung des Vormundschaftsgerichts, § 1822 Nr. 3 iVm § 1643, und zusätzlich u. U. Bestellung eines Ergänzungspflegers, §§ 1795 II, 181, 1629 II, erforderlich. Die Nichtigkeit des Vertragsschlusses berührt die Wirksamkeit der Gesellschaft nicht, sobald die Gesellschaft in Vollzug gesetzt wurde, sog. fehlerhafte Gesellschaft*] verpflichten sich die [*zwei oder mehrere*] Gesellschafter [*§ 705 gilt auch für die OHG und die KG, §§ 105 II, 161 II HGB, sowie die stille Gesellschaft, §§ 335–342 HGB. Jede Person mit Ausnahme der Erbengemeinschaft kann Gesellschafter einer werbenden Gesellschaft iSd § 705 sein*] gegenseitig [*gegenseitiger Vertrag, auf den die §§ 320ff nur modifiziert anwendbar sind. §§ 320–322 sind auf die zweigliedrige Gesellschaft beschränkt. §§ 323, 324 sind unanwendbar, str. §§ 325, 326 werden durch § 723 I ersetzt, sobald der Gesellschaftsvertrag in Vollzug gesetzt wurde, z. B. durch Bildung von Gesellschaftsvermögen*], die Erreichung eines gemeinsamen [*Zweckgemeinschaft fehlt bei partiarischen Rechtsverhältnissen, d. h. Darlehns-, Pacht- oder Dienstverträgen gegen Gewinnbeteiligung. Vgl. zur Abgrenzung gegenüber der stillen Gesellschaft: § 335 HGB*] Zweckes [*z. B. die Ausübung freiberuflicher Tätigkeit als Arzt, Anwalt, Wirtschaftsprüfer, der Betrieb eines minderkaufmännischen Handelsgewerbes, § 4 HGB, auch eine einmalige Angelegenheit, z. B. Wettgemeinschaften, Konsortien zur Emmission von Aktien und öffentlichen Anleihen, Arbeitsgemeinschaften der Bauindustrie. Der Vertrag, der den gemeinsamen Betrieb eines vollkaufmännischen Handelsgewerbes, §§ 1–3 HGB, zum Gegenstand hat, kann nur in der Organisationsform der OHG und KG, §§ 105 I, 161 I HGB, durchgeführt werden. Vgl. §§ 123, 176 HGB*] in der durch den Vertrag bestimmten Weise zu fördern [*sog. Förderungspflicht, die u. a. durch die Geschäftsführungspflicht, §§ 709ff, konkretisiert wird*], insbesondere [*als Förderungsmaßnahme*] die vereinbarten [*§§ 706, 707*] Beiträge [*in das Gesellschaftsvermögen, § 718*] zu leisten. [*Der Beitragsanspruch kann – wie jeder Sozialanspruch – von der Gesamthand und daneben von jedem einzelnen Gesellschafter im eigenen Namen auf Leistung an die Gesellschaft gerichtlich geltend gemacht werden, sog. actio pro socio. Gesamthandsvermögen, §§ 718, 719, ist nicht konstitutives Gründungselement, vgl. die sog. Innengesellschaften, Sozialansprüche und Sozialverpflichtungen, vgl. dazu § 713.*]

§ 706 (Höhe und Art des Beitrags)

(I) Die Gesellschafter [*einer BGB-Gesellschaft, der OHG und der KG, §§ 105 II, 109, 163 HGB*] haben in Ermangelung einer anderen Vereinbarung [*die die Höhe des Beitrags des einzelnen Gesellschafters verschieden bemißt*] gleiche Beiträge [*§ 705*] zu leisten. [*Gegenstand der Beitragsleistung: Geldzahlungen, Dienstleistungen, Abs. III, Einbringung von Sachen zum Eigentum oder nur zur Gebrauchsüberlassung, etc.*

Haftung: 1. Unmöglichkeit: § 275. 2. Verzug: §§ 284 ff. 3. Rechtsmängel: vermietergleich bei Gebrauchsüberlassung, §§ 537 ff, sonst verkäufergleich: §§ 445, 434 ff. 4. Sachmängel: je nach Sachlage wie Vermieter, §§ 537 ff, oder Verkäufer unter Ausschluß des Wandlungsrechts, §§ 493, 459 ff. 5. Gefahrtragung: § 732 S 2; § 447 ist ausgeschlossen.]

(II[1]) Sind vertretbare [*§ 91*] oder verbrauchbare [*§ 92*] Sachen beizutragen, so ist im Zweifel [*nur in Fällen der Unklarheit des Vertrages*] anzunehmen, daß [*nicht bloße Gebrauchsüberlassung gewollt ist, sondern daß*] sie gemeinschaftliches Eigentum der Gesellschafter werden sollen. ([2]) Das gleiche gilt von nicht vertretbaren und nicht verbrauchbaren Sachen, wenn sie nach einer Schätzung beizutragen sind, die nicht bloß für die Gewinnverteilung bestimmt ist.

(III) Der Beitrag eines Gesellschafters kann auch in der Leistung von Diensten [*§§ 611 ff*] bestehen.

§ 707 (Erhöhung der Beitragspflicht)

Zur Erhöhung des vereinbarten Beitrags oder zur Ergänzung der durch Verlust verminderten [*bereits bewirkten*] Einlage ist ein Gesellschafter [*vgl. §§ 105 II, 161 II HGB, nach der dispositiven gesetzlichen Regelung des § 707*] nicht verpflichtet. [*Die Pflicht zur Beitragserhöhung richtet sich in erster Linie nach dem Gesellschaftsvertrag. Die Haftung der Gesellschafter im Außenverhältnis, §§ 714, 427, 421, § 128 HGB, wird durch § 707 nicht berührt. Nachschußpflicht im Auseinandersetzungsverfahren: § 735.*]

§ 708 (Eigenübliche Sorgfalt)

Ein Gesellschafter [*§ 708 gilt nicht für den Teilhaber iSd §§ 741 ff und das Mitglied des nichtrechtsfähigen Vereins, § 54 S 1*] hat [*im Rahmen aller gegen ihn gerichteten Ansprüche wegen Schädigung des Mitgesellschafters, namentlich wegen Verletzung des Gesellschaftsvertrages oder wegen Überschreitens der Geschäftsführungsbefugnis, hM, aber auch im Rahmen konkurrierender deliktischer Ansprüche, §§ 823 ff*] bei der Erfüllung der ihm [*aus dem Gesellschaftsverhältnis*] obliegenden Verpflichtungen [*der Gesellschafter untereinander – ausgenommen die Sorgfaltspflichten im Straßenverkehr, BGHZ 46, 316 –*] nur für [*verminderte Sorgfaltspflichten, nämlich*] diejenige Sorgfalt einzustehen, welche er in eigenen Angelegenheiten anzuwenden pflegt [*Sorgfaltsmaßstab: § 277. Die Anwendung eines schärferen Haftungsmaßstabes anstelle der unangebrachten Privilegierung wird allg. befürwortet. Systematische Konstruktion: stillschweigender Ausschluß, so vor allem bei den Handelsgesellschaften*].

§ 709 (Innenverhältnis: Regelform der Gesamtgeschäftsführung)

(I) Die Führung der Geschäfte der Gesellschaft [*die Entscheidungsbefugnis über Maßnahmen im Innen- und Außenverhältnis mit Ausnahme der Änderung des Gesellschaftsvertrages, sog. Grundlagengeschäfte*] steht [*falls nicht der Gesellschaftsvertrag ein anderes bestimmt, vgl. § 710*] den [*d. h. allen*] Gesellschaftern gemeinschaftlich zu [*Grundsatz der Mitwirkung aller Gesellschafter an der internen Willensbildung*]; für jedes Geschäft [*d. h. für jede Maßnahme im jeweiligen Geschäftsbereich*] ist die Zustimmung [*Ermächtigung oder Genehmigung, §§ 182 ff*] aller Gesellschafter [*d. h. ein einstimmiger Beschluß*] erforderlich [*falls nicht der Gesellschaftsvertrag das Prinzip des Mehrheitsbeschlußes einführt, vgl. Abs. II. Die Bindung an die Zustimmung der übrigen Gesellschafter entfällt bei Notgeschäftsführungsmaßnahme iSd § 744 II. Ansprüche aus dem Innenverhältnis, sog. Sozialansprüche, kann jeder einzelne Gesellschafter unabhängig von seiner Geschäftsführungsbefugnis neben der Gesamthand im eigenen Namen auf Leistung an die Gesellschaft gerichtlich geltend machen, sog. actio pro socio. Ansprüche aus Rechtsverhältnissen zu Dritten stehen nur der Gesamthand zu, §§ 718, 719. Für die gerichtliche Geltendmachung kommt es auf die Vertretungsmacht an. Der nichtvertretungsberechtigte Gesellschafter hat ausnahmsweise die Prozeßführungsbefugnis aus § 432, wenn die vertretungsberechtigten Mitgesellschafter die Einziehung der Forderung gesellschaftswidrig verweigern und der Schuldner daran beteiligt ist*].

(II) Hat nach dem Gesellschaftsvertrage [*auch bei Gesamtgeschäftsführung aller Gesellschafter iSd Abs. I, das Mehrheitsprinzip, also*] die Mehrheit der Stimmen zu entscheiden, so ist die Mehrheit im Zweifel nach der Zahl der Gesellschafter [*und nicht z. B. nach den Kapitalanteilen*] zu berechnen.

§ 710 (Innenverhältnis: Einzelgeschäftsführungsbefugnis; Gesamtgeschäftsführungsbefugnis mehrerer)

(1) Ist [*da in Fragen der internen Organisationsregelung Vertragsfreiheit besteht*] in dem Gesellschaftsvertrage [*z. B. durch Aufgabenteilung nach Geschäftsbereichen*] die Führung der Geschäfte einem [*einzigen*] Gesellschafter [*als Einzelgeschäftsführungsbefugnis*] oder mehreren Gesellschaftern [*als Einzelgeschäftsführungsbefugnis*] übertragen [*so entscheidet der Geschäftsführer allein während des Bestehens der werbenden Gesellschaft, § 730 II 2, lediglich durch den Widerspruch der anderen Geschäftsführer, § 711, gebunden*], so sind die übrigen Gesellschafter von der Geschäftsführung [*und einem Widerspruchsrecht aus § 711*] ausgeschlossen [*nicht aber von dem Notgeschäftsführungsrecht aus § 744 II. Einflußnahme nur über §§ 712 I, 716 möglich*]. (2) Ist die Geschäftsführung mehreren [*aber nicht allen*] Gesellschaftern [*gemeinschaftlich*] übertragen, so [*müssen alle Geschäftsführer zustimmen. Da über die Maßnahmen der Geschäftsführung ein Beschluß herbeigeführt werden muß*] finden die Vorschriften des § 709 entsprechende Anwendung [*mit der Folge, daß mangels gesellschaftsvertraglicher Regelung Einstimmigkeit nötig ist, § 709 I*].

§ 711 (Innenverhältnis: Widerspruchsrecht des Einzelgeschäftsführers)

(1) Steht nach dem Gesellschaftsvertrage [*vgl. § 710 S 1, §§ 115, 164 HGB*] die Führung der Geschäfte allen oder mehreren Gesellschaftern [*als Einzelgeschäftsführungsbefugnis, d. h.*] in der Art zu, daß jeder allein zu handeln berechtigt ist, so kann [*es sei denn, daß der Gesellschaftsvertrag diese Möglichkeit ausdrücklich ausschließt*] jeder [*andere Geschäftsführer*] der Vornahme eines Geschäfts [*vor Ausführung der Maßnahme*] durch den anderen widersprechen. (2) Im Falle des [*rechtzeitigen und beachtlichen*] Widerspruchs muß das Geschäft unterbleiben [*sofern es sich nicht um eine Notmaßnahme iSd § 744 II handelt oder der Widerspruch unbeachtlich ist, weil er gegen die Interessen der Gesellschaft verstößt und deshalb sachlich unge-*

rechtfertigt ist; vgl. § 115 I HGB. Verstößt ein Geschäftsführer gegen einen solchen Widerspruch, so macht er sich der Gesellschaft gegenüber schadensersatzpflichtig, vgl. §§ 713, 665 u. § 678. Die Vertretungsmacht entfällt mit Rücksicht auf Verkehrsschutzinteressen nur, wenn der Geschäftspartner den Widerspruch bei Abschluß des Vertrages kennt, so BGHZ 16, 394 ff].

§ 712 (Innenverhältnis: Entzug und Kündigung der Geschäftsführung)

(I) Die einem Gesellschafter durch den Gesellschaftsvertrag [*vgl. §§ 710, 711*] übertragene Befugnis zur Geschäftsführung [*im Gegensatz zur Rechtslage bei der OHG, § 117 HGB, nicht auch die organschaftliche Geschäftsführungsbefugnis aus § 709 I*] kann ihm durch einstimmigen Beschluß [*insoweit ebenfalls im Unterschied zur OHG: Gestaltungsurteil, § 117 HGB*] oder, falls nach dem Gesellschaftsvertrage die Mehrheit der Stimmen entscheidet, durch Mehrheitsbeschluß der übrigen [*auch der nach § 710 S 1 vom Widerspruchsrecht ausgeschlossenen*] Gesellschafter [*nur vollständig*] entzogen werden [*eine Beschränkung als weniger einschneidende Maßnahme kommt im Unterschied zu § 117 HGB nicht in Betracht*], wenn ein »wichtiger Grund« vorliegt; ein solcher Grund ist [*z. B.*] insbesondere grobe Pflichtverletzung [*die sich gemäß § 713 nach den Auftragsvorschriften der §§ 664–670 bestimmt*] oder Unfähigkeit zur ordnungsmäßigen Geschäftsführung [*allgemein: Unzumutbarkeit weiterer Geschäftsführung. Zur Geschäftsführung befugt sind dann alle Gesellschafter, und zwar grundsätzlich nur »gemeinschaftlich«, § 709 I. Nach § 714 ist der nicht mehr geschäftsführende Gesellschafter im Zweifel auch von der Vertretung ausgeschlossen. Anders die Vertretungsmacht bei der OHG: § 127 HGB*].

(II) Der Gesellschafter kann auch seinerseits die [*vertraglich übertragene, §§ 710, 711*] Geschäftsführung [*nicht auch die gesetzliche Geschäftsführungsbefugnis aus § 709 I*] »kündigen«, wenn ein wichtiger Grund [*vgl. Abs. I*] vorliegt; [*mit der Rechtsfolge, daß alle Gesellschafter gesamtgeschäftsführungsbefugt sind, § 709 I; im Zweifel ist er dann nach § 714 auch nicht mehr vertretungsberechtigt. § 712 II gilt auch für die OHG und KG. Im Gegensatz zur BGB-Gesellschaft kann dort auch die gesetzliche Einzelgeschäftsführungsbefugnis, §§ 114 I, 115 I, 116 I, 164 HGB, aufgekündigt werden. Im Falle der Kündigung zur Unzeit ist diese wirksam, macht den Geschäftsführer, der ohne wichtigen Grund zur Unzeit kündigt, aber aus pVV ersatzpflichtig, denn*] die für den Auftrag geltenden Vorschriften des § 671 Abs. 2, 3 finden entsprechende Anwendung.

§ 713 (Innenverhältnis: Rechtsstellung des Geschäftsführers)

Die Rechte [*diese sog. Sozialverpflichtungen richten sich gegen die Gesamthand, die Gesellschafter haften nicht persönlich*] und Verpflichtungen [*diese sog. Sozialansprüche kann auch jeder einzelne Gesellschafter im Wege der actio pro socio gerichtlich geltendmachen, vgl. § 709*] der geschäftsführenden Gesellschafter [*einer BGB-Gesellschaft und mit der Abweichung des § 110 HGB auch der OHG und KG, §§ 105 II, 161 II HGB*] bestimmen sich [*nach dem Gesellschaftsvertrage und nur subsidiär*] nach den für den Auftrag geltenden Vorschriften der §§ 664 bis 670 [*d. h. § 664: eine Übertragung der Geschäftsführungsbefugnis auf einen Dritten ist unzulässig. § 665: grds. keine Weisungsgebundenheit; Ausnahme: Ausführung von Gesellschafterbe-*

schlüssen. § 666: Pflicht des Geschäftsführers zur Auskunft und Rechenschaft; daneben: § 716, §§ 118, 166 HGB. § 667: Pflicht zur Herausgabe des durch die Geschäftsführung Erlangten. § 668: Pflicht zur Verzinsung. § 669: Anspruch auf Vorschuß für Aufwendungen. § 670: Anspruch auf Ersatz von Aufwendungen und auf Ausgleich von Verlusten; dagegen: kein Anspruch auf Geschäftsführergehalt. Dafür: § 122 HGB], soweit sich nicht aus dem [*in erster Linie maßgeblichen*] Gesellschaftsverhältnis ein anderes ergibt. [*Bei einer Verletzung der Gesellschafterpflicht durch nicht ordnungsgemäße Geschäftsführung haftet der Gesellschafter, § 708, für eigenübliche Sorgfalt. Str. ist dagegen, welcher Haftungsmaßstab gilt, wenn die Pflichtverletzung darauf beruht, daß der Gesellschafter seine Geschäftsführungsbefugnis überschreitet oder gegen den Widerspruch eines anderen, § 711, handelt. Nach üwM wird die Haftung auch in diesen Fällen nach § 708 begrenzt.*]

§ 714 (Außenverhältnis: Vertretungsmacht)

Soweit einem Gesellschafter nach dem Gesellschaftsvertrage [*im gesellschaftlichen Innenverhältnis*] die Befugnis zur Geschäftsführung zusteht [*d. h. seine Befugnisse im Innenverhältnis bestimmen ohne Rücksicht auf Verkehrsschutzinteressen im Außenverhältnis die Vertretungsmacht. Im Zweifel besitzt jeder Gesellschafter Gesamtgeschäftsführungsbefugnis, § 709 I, so daß seine Vertretungsmacht generell an die Zustimmung der anderen gebunden ist*], ist er im Zweifel auch [*im Außenverhältnis*] ermächtigt, die anderen Gesellschafter [*aber nicht die Gesellschaft iSd § 705, da diese Personenvereinigung nicht rechtsfähig ist und in Folge davon keinen nach außen sichtbaren Gesamtnamen führt. Der vertretungsberechtigte Gesellschafter handelt für sich und zugleich als Vertreter der übrigen Gesellschafter. Anders die Rechtslage bei OHG und KG: §§ 125, 126 HGB*] Dritten gegenüber [*aber nicht die Mitgesellschafter bei Grundlagengeschäften, die das Rechtsverhältnis der Gesellschafter untereinander regeln*] zu vertreten [*mit der Folge, daß alle Gesellschafter aus abgeschlossenen Verträgen über §§ 431, 427, 421 mit ihrem Privatvermögen als Gesamtschuldner haften. Ein gegen alle Gesellschafter gerichteter Titel genügt zur ZwV in das Gesellschaftsvermögen, § 736 ZPO. Anders: §§ 124 II, 129 IV HGB. Ein Gesellschafter muß für ein zum Schadensersatz verpflichtendes Verhalten eines Mitgesellschafters nach §§ 278, 425, 831; 830, 840 einstehen. Nach hM wird § 31 im Unterschied sowohl zum nichtrechtsfähigen Verein, § 54, als auch zur OHG und KG auf die Gesellschaft bürgerlichen Rechts nicht analog angewandt*].

§ 715 (Entzug der Vertretungsmacht)

Ist im Gesellschaftsvertrag ein Gesellschafter ermächtigt, die anderen Gesellschafter Dritten gegenüber zu vertreten, so kann die [*durch Gesellschaftsvertrag eingeräumte*] Vertretungsmacht [*nicht auch die gesetzliche, § 714*] nur nach Maßgabe des § 712 Abs. 1 [*aus wichtigem Grund durch Beschluß der übrigen Gesellschafter*] und, wenn sie in Verbindung mit der Befugnis zur Geschäftsführung erteilt worden ist, nur mit dieser entzogen werden. [*Anders § 127 HGB für OHG. Rechtsfolge: im Zweifel tritt gesetzliche Gesamtvertretungsberechtigung aller Gesellschafter, § 714, ein.*]

§ 716 (Kontrollrechte)

(I) Ein Gesellschafter kann, auch wenn er von der Geschäftsführung ausgeschlossen ist, [*Auskunft und Rechnungslegung nach §§ 713, 666 von dem Geschäftsführer verlangen. Gegenüber den Mitgesellschaftern hat er das Recht*] sich von den Angelegenheiten der Gesellschaft [*a*] persönlich [*zu*] unterrichten, [*b*] die Geschäftsbücher und die Papiere der Gesellschaft ein[*zu*]sehen und [*c*] sich aus ihnen eine Übersicht über den Stand des Gesellschaftsvermögens an[*zu*]fertigen [*für Komplementär: § 118 HGB; für Kommanditisten: § 166 HGB; für stillen Gesellschafter: § 338 HGB*].

(II) Eine dieses Recht ausschließende oder beschränkende Vereinbarung steht der Geltendmachung des Rechtes nicht entgegen, wenn Grund zu der Annahme unredlicher Geschäftsführung besteht.

§ 717 (Nichtübertragbarkeit einzelner Mitverwaltungsrechte)

(¹) Die [*einzelnen*] Ansprüche [*§ 717 betrifft nicht die Mitgliedschaft im Ganzen*], die den [*BGB-, OHG-, KG-, stillen*] Gesellschaftern [*als sog. Mitverwaltungsrechte*] aus dem Gesellschaftsverhältnisse gegeneinander zustehen [*etwa das Stimmrecht, das Kontrollrecht des § 716, das Widerspruchsrecht nach § 711, das Recht auf Mitwirkung bei Vertretung und Geschäftsführung, §§ 714, 709*], sind [*weil einzelne Mitverwaltungsrechte nicht von der Gesellschafterstellung abgespalten werden können und um die Restgesellschafter gegen unerwünschte Einflußnahme Dritter abzusichern*] nicht übertragbar [*wohl aber Dritten zur Ausübung überlassbar. Soweit ein Mitverwaltungsrecht unabtretbar ist, ist es damit gemäß §§ 399, 1274 II nicht verpfändbar, nach § 1069 II nicht belastbar und nach § 851 I ZPO unpfändbar. Die dispositive Norm des § 717 S 1, str., kann dadurch außer Kraft gesetzt werden, daß der Gesellschaftsvertrag die Abtretbarkeit bestimmt oder die Gesellschafter zustimmen*]. (²) Ausgenommen [*d.h. abtretbar, verpfändbar und pfändbar*] sind [*einzelne vermögensrechtliche Ansprüche aus dem Gesellschaftsverhältnis, nämlich*] die einem [*BGB-, OHG-, KG-*] Gesellschafter aus seiner Geschäftsführung zustehenden Ansprüche, soweit deren Befriedigung vor der Auseinandersetzung [*§§ 730 ff, §§ 145 ff HGB*] verlangt werden kann [*etwa der Anspruch auf Aufwendungsersatz aus §§ 713, 670*], sowie die Ansprüche auf einen Gewinnanteil [*§§ 721, 722; vgl. § 725 II*] oder auf dasjenige [*Guthaben*], was dem Gesellschafter bei der Auseinandersetzung [*nach §§ 734, 738 I 2; § 155 HGB*] zukommt. [*Mit der Abtretung wird der neue Gläubiger aber nicht etwa an Stelle des Zedenten Gesellschafter; die Mitverwaltungsrechte verbleiben dem Gesellschafter. Der Erwerber des Anspruchs auf das Auseinandersetzungsguthaben kann daher nicht an der Auseinandersetzung teilnehmen. Gleiches gilt für den Pfändungsgläubiger, § 725. Auch die Mitgliedschaft in einer Personengesellschaft ist übertragbar, vorausgesetzt der Gesellschaftsvertrag hat die Abtretbarkeit vorgesehen oder die Gesellschafter stimmen zu. Dem Rechtsnachfolger wächst ein Anteil am Gesellschaftsvermögen zu, § 738 I 1. Der ausscheidende Gesellschafter haftet weiterhin für Gesellschaftsschulden. Der Anteilserwerber muß nur die ZwV in den ihm angewachsenen Teil des Gesellschaftsvermögens für die vor dem Mitgliedschaftswechsel begründeten Gesellschaftsschulden dulden; persönlich wird er nicht Schuldner.*]

§ 718 (Gesamthand: Gesellschaftsvermögen)

(I) [*1. Alt*] Die Beiträge der [*BGB-, OHG- und KG-, §§ 105 II, 161 II HGB*] Gesellschafter [*und zwar schon der bei Abschluß des Gesellschaftsvertrages entstehende Anspruch auf die Beitragsleistung, § 706, und die später als Beiträge eingebrachten Gegenstände, sofern sie rechtsgeschäftlich wirksam ins Gesellschaftsvermögen, z. B. nach §§ 929 ff; 873 I, 925; 398, 413, übertragen worden sind*] und [*2. Alt*] die durch die Geschäftsführung für die Gesellschaft erworbenen Gegenstände [*fallen nur dann ins Gesellschaftsvermögen, wenn der erwerbende Gesellschafter nach außen erkennbar als Stellvertreter im Namen der übrigen Gesellschafter handelt; Besitz der übrigen Gesellschafter sowie Grundbucheintrag, § 47 GBO, als konstitutive Erwerbselemente kommen hinzu. Falls der Erwerb nicht im Namen der Gesellschafter, aber für die Gesellschaft geschehen ist, tritt zunächst Durchgangserwerb des Gesellschafters ein, bevor der Gegenstand zur Erfüllung der Übertragungspflicht aus §§ 713, 667 ins Gesellschaftsvermögen fällt*] werden [*mangels eigener Rechtsfähigkeit der BGB-Gesellschaft, der OHG, § 124 I HGB, und der KG, § 161 II HGB*] gemeinschaftliches [*gegenüber dem Privatvermögen der Gesellschafter verselbständigtes Sonder-*]Vermögen der Gesellschafter (Gesellschaftsvermögen) [*an dem die Gesellschafter keine verfügbaren Anteile haben, § 719 I. Gläubiger können den Anteil aber pfänden, § 859 I ZPO. Die ZwV in das Gesellschaftsvermögen setzt einen gegen alle Gesellschafter gerichteten Titel voraus, § 736 ZPO. Zur persönlichen Haftung der Gesellschafter: §§ 714, 427, 421; 830, 840. Das Gesellschaftsvermögen einer Gesellschaft iSd § 705 ist im Gegensatz zur OHG und KG nicht konkursfähig, §§ 209 ff KO*].

(II) Zu dem Gesellschaftsvermögen [*Abs. I*] gehört auch, was auf Grund eines zu dem Gesellschaftsvermögen gehörenden Rechtes [*z. B. Mieteinnahmen, Zinsen, Dividenden, Fruchtziehung, § 99, usw.*] oder als Ersatz für die Zerstörung, Beschädigung oder Entziehung eines zum Gesellschaftsvermögen gehörenden Gegenstandes erworben wird [*z. B. Leistung durch Delikts-, §§ 823 ff, oder Bereicherungsschuldner, §§ 812 ff, Zahlungen der Schadensversicherung, Enteignungsentschädigung etc.*].

§ 719 (Gesamthand: keine Einzelverfügungsbefugnis)

(I) Ein Gesellschafter [*einer Gesellschaft iSd § 705 und einer OHG und KG*] kann nicht [*1. Alt*] über seinen [*dinglichen*] Anteil an dem Gesellschaftsvermögen [*§ 718, verfügen, weil dingliche Mitberechtigung am Gesellschaftsvermögen und Gesellschafterstellung nach der Struktur der Gesamthand untrennbar verbunden sind. Anders: § 747 S 1. Gläubiger können aber den Anteil des schuldenden Gesellschafters pfänden, § 859 I 1 ZPO, die Gesellschaft kündigen, § 725, und damit die Auseinandersetzung herbeiführen. § 719 betrifft nicht die Mitgliedschaft*] und [*2. Alt, er kann nicht über seinen Anteil*] an den einzelnen dazu gehörenden Gegenständen verfügen [*da die Verfügungsbefugnis bei der Gesamthand liegt. Pfändungsverbot: § 859 I 2 ZPO. Zur Einzelklagebefugnis neben der Klage der Gesellschaft: § 709 m. Anm. Folge eines Verstoßes gegen § 719 ist absolute Nichtigkeit nach § 134, str.*]; er ist [*während des Bestehens der »werbenden« Gesellschaft, vgl. §§ 723, 724*] nicht berechtigt, Teilung zu verlangen.

(II) Gegen eine Forderung, die [*nach § 718 I, II*] zum Gesellschaftsvermögen gehört, kann der Schuldner [*der Gesamthand mangels Gegenseitigkeit*] nicht eine ihm gegen einen einzelnen Gesellschafter zustehende Forderung [*gemäß §§ 387ff*] aufrechnen.

§ 720 (Gesamthand: Schuldnerschutz)

Die Zugehörigkeit einer nach § 718 Abs. 1 [*und Abs. II, hM, durch Surrogation*] erworbenen Forderung [*also durch äußerlich erkennbares Auftreten des Handelnden im Namen der Gesellschafter und nach Durchgangserwerb, falls das Geschäft im eigenen Namen abgeschlossen wurde*] zum Gesellschaftsvermögen hat der Schuldner erst dann gegen sich gelten zu lassen, wenn er von der Zugehörigkeit [*der Forderung zum Gesellschaftsvermögen*] Kenntnis erlangt; die Vorschriften der §§ 406 bis 408 finden [*bis dahin*] entsprechende Anwendung [*d. h. der Gesellschafter gilt als Gläubiger. Zieht der nicht berechtigte Gesellschafter eine Forderung wegen Beschädigung einer beweglichen Sache ein, so ist § 851 weiterhin anwendbar*].

§ 721 (Rechnungsabschluß, Gewinnverteilung)

(I) Ein Gesellschafter [*einer Gelegenheitsgesellschaft, vgl. Abs. II*] kann den Rechnungsabschluß [*zur Ermittlung von Gewinn und Verlust*] und die Verteilung des Gewinns [*vgl. § 734*] und des Verlustes [*vgl. § 735*] [*während des Bestehens der Gelegenheitsgesellschaft nicht, sondern*] erst nach der Auflösung [*vgl. §§ 730, 723–728*] der [BGB-]Gesellschaft verlangen. [Für OHG: §§ 120–122 HGB; für KG: §§ 167–169 HGB; für stille Gesellschaft: §§ 336, 337 HGB].

(II) Ist die Gesellschaft von längerer Dauer [*also meist Zusammenschlüsse von Freiberuflern, Minderkaufleuten etc.*], so hat der Rechnungsabschluß und die Gewinnverteilung [*soweit der Gesellschaftsvertrag keine Regelung trifft*] im Zweifel [*schon*] am Schlusse jedes Geschäftsjahrs zu erfolgen.

§ 722 (Höhe der Gewinn- und Verlustbeteiligung)

(I) Sind die Anteile der Gesellschafter am Gewinn und Verluste nicht [*gesellschaftsvertraglich*] bestimmt [*meist nur bei Gelegenheitsgesellschaften*], so hat jeder Gesellschafter ohne Rücksicht auf die Art und die Größe seines Beitrags [*vgl. § 706*] einen »gleichen« Anteil am Gewinn und Verluste.

(II) Ist nur der Anteil am Gewinn oder am Verluste bestimmt, so gilt die Bestimmung im Zweifel für Gewinn und Verlust.

§ 723 (Auflösungsgrund: Kündigung)

(I[1]) Ist die Gesellschaft nicht für eine bestimmte Zeit [*S 2, oder auf Lebenszeit, § 724*] eingegangen, so kann jeder Gesellschafter [*unabdingbar, Abs. III*] sie [*ohne speziellen Kündigungsgrund*] jederzeit [*Abs. II*] kündigen [*ggfs. unter Einhaltung der vertraglichen Kündigungsfrist, Abs. I S 3, sog. ordentliche Kündigung. Gesellschaftsrechtliche Folgen: § 730 oder § 736. Adressat der Kündigung ist der Geschäftsführer nur dann, wenn der Gesellschaftsvertrag dies vorsieht*]. ([2]) Ist eine Zeitdauer [*kalendermäßig oder aus der Natur der Sache, z. B. Dauer des Einzelprojekts*] bestimmt, so ist [*eine ordentliche Kündigung, S 1, vor dem Ablauf der Zeitdauer unzulässig, nur*] die [*sog. außerordentliche*] Kündigung vor dem Ablaufe der Zeit [*jederzeit ohne Einhaltung einer Kündigungsfrist*] zulässig, wenn ein wichtiger Grund vorliegt; ein solcher Grund ist [*z. B.*] insbesondere vorhanden, wenn ein anderer Gesellschafter eine ihm nach dem Gesellschaftsvertrag obliegende wesentliche Verpflichtung vorsätzlich oder aus grober Fahrlässigkeit verletzt oder wenn die Erfüllung einer solchen Verpflichtung unmöglich wird. (³) Unter der gleichen Voraussetzung ist, wenn eine Kündigungsfrist bestimmt ist, die Kündigung ohne Einhaltung der Frist zulässig.

(II¹) Die [*ordentliche und außerordentliche*] Kündigung darf nicht zur Unzeit geschehen, es sei denn, daß ein wichtiger Grund für die unzeitige Kündigung vorliegt. (²) Kündigt ein Gesellschafter ohne solchen Grund zur Unzeit, so [*ist die unzeitige Kündigung wirksam, doch*] hat er den übrigen Gesellschaftern den daraus entstehenden Schaden zu ersetzen.

(III) Eine Vereinbarung [*§ 723 III gilt über §§ 105 II, 161 II HGB auch für OHG und KG*], durch welche das Kündigungsrecht ausgeschlossen oder diesen Vorschriften zuwider [*z. B. durch überlange Kündigungsfristen oder unangemessene Abfindungsregelung*] beschränkt wird, ist nichtig.

§ 724 (Auflösungsgrund: Kündigung bei Gesellschaft auf Lebenszeit)

(¹) Ist eine Gesellschaft für die Lebenszeit eines Gesellschafters eingegangen, so kann sie [*jederzeit ohne Kündigungsgrund, also*] in gleicher Weise gekündigt werden [*Folge: § 730 oder § 736*] wie eine für unbestimmte Zeit eingegangene Gesellschaft [*also nach § 723 I S 1. § 724 ist zwingend*]. (²) Dasselbe gilt [*Kündigung jederzeit ohne Kündigungsgrund*], wenn eine [*befristete*] Gesellschaft nach dem Ablaufe der bestimmten Zeit [*bzw. eine auflösend bedingte, § 158 II, Gesellschaft nach Bedingungseintritt, u. U. auch nur*] stillschweigend fortgesetzt wird.

§ 725 (Auflösungsgrund: Gläubiger-Kündigung)

(I) Hat ein [*Privat-*]Gläubiger [*nur*] eines [*einzelnen*] Gesellschafters [*der keine Forderung gegen alle Gesellschafter hat und in Folge davon nicht in das Gesellschaftsvermögen, § 736 ZPO, vollstrecken kann*] die Pfändung des Anteils [*§ 719 I 1. Alt*] des Gesellschafters an dem Gesellschaftsvermögen [*der nach § 859 I 1 ZPO pfändbar ist*] erwirkt [*geschieht nach §§ 857, 828, 829 ZPO durch Zustellung an die übrigen Gesellschafter*], so kann er [*obwohl er durch die Pfändung nicht etwa Mitglied der Gesellschaft wird*] die Gesellschaft [*im Unterschied zu § 135 HGB*] ohne Einhaltung einer Kündigungsfrist kündigen [*die Gesellschaft zur Auflösung bringen, §§ 730 ff, und sich aus dem Auseinandersetzungsguthaben, § 734, und dem Gewinnanteil, Abs. II, befriedigen*], sofern der Schuldtitel nicht bloß vorläufig vollstreckbar ist [*etwa Pfändung aufgrund eines vorläufig vollstreckbaren Urteils iSd §§ 708 ff ZPO, eines Vorbehaltsurteiles oder eines Arrestbeschlusses. Kündigen kann er bei Pfändung etwa aufgrund eines rechtskräftigen Urteils oder einer vollstreckbaren Urkunde iSd § 794 I Nr. 5 ZPO. Zur Frage der Mitgliedschaftsrechte: Abs. II. Sieht der Gesellschaftsvertrag den Fortbestand der Gesellschaft vor oder beschließen die Gesellschafter ad hoc die Fortsetzung, so scheidet der Gesellschafter-Schuldner aus der Gesellschaft aus. Befriedigungsob-*

jekt ist der nach § 738 I 2 entstandene Auseinandersetzungsanspruch. Bei der OHG, KG: § 135 HGB].

(II) Solange die Gesellschaft besteht, kann der Gläubiger die sich aus dem Gesellschaftsverhältnis ergebenden [*Mitgliedschafts-*]Rechte des Gesellschafters [*z. B. Stimmrecht bei Änderung des Gesellschaftsvertrages oder bei einem Ausschließungsbeschluß*], mit Ausnahme des Anspruchs auf einen Gewinnanteil [*§ 721, diesen ohne selbständige Pfändung*], nicht geltend machen [*da er durch die Pfändung und Überweisung des Anteils nicht in die Rechtsstellung des Gesellschafter-Schuldners einrückt, dieser vielmehr Mitglied bleibt und die Mitgliedschaftsrechte selbständig ausübt. Vgl. die Parallelproblematik zur Rechtsstellung des Zessionars: § 717*].

§ 726 (Auflösungsgrund: Erreichung des Gesellschaftszwecks)

Die Gesellschaft endigt [*d.h. ist aufgelöst und nach §§ 730ff abzuwickeln*], wenn der vereinbarte Zweck erreicht oder dessen Erreichung [*endgültig und nicht nur vorübergehend*] unmöglich geworden ist. [*Auf die OHG und KG findet § 726 keine Anwendung, vgl. §§ 131, 133 HGB.*]

§ 727 (Auflösungsgrund: Tod eines Gesellschafters)

(I) Die Gesellschaft wird durch den Tod eines der Gesellschafter [*zum Tod eines OHG-, KG-Gesellschafters: §§ 131 Nr. 4; 161 II, 177 HGB*] aufgelöst [*und ist dann abzuwickeln, §§ 730ff*], sofern nicht [*praktisch die Regel*] aus dem Gesellschaftsvertrage sich ein anderes ergibt [*daß die Gesellschaft nicht aufgelöst wird, sondern unter den verbleibenden Gesellschaftern fortbestehen soll, sog. Fortsetzungsklausel, § 736. Die Vererbung der Mitgliedschaft bei entsprechender Nachfolgeklausel im Gesellschaftsvertrag vollzieht sich, abgesehen von § 139 HGB, wie bei der OHG. Vgl. §§ 131 Ziff. 4, 138, 139 HGB*].

(II[1]) Im [*seltenen*] Falle der Auflösung [*durch den Tod eines Gesellschafters insbes. wegen Fehlens einer Fortsetzungs- oder Nachfolgeklausel*] hat der Erbe des verstorbenen Gesellschafters den übrigen Gesellschaftern [*OHG, KG, §§ 137, 161 II HGB*] den Tod unverzüglich anzuzeigen und, wenn mit dem Aufschube Gefahr verbunden ist, die seinem Erblasser durch den Gesellschaftsvertrag übertragenen Geschäfte [*insoweit vertretungsberechtigt*] fortzuführen, bis die übrigen Gesellschafter in Gemeinschaft mit ihm anderweit Fürsorge treffen können. ([2]) Die übrigen Gesellschafter sind in gleicher Weise zur einstweiligen Fortführung der ihnen übertragenen Geschäfte verpflichtet. ([3]) Die Gesellschaft gilt insoweit als fortbestehend.

§ 728 (Auflösungsgrund: Konkurs eines Gesellschafters)

([1]) Die Gesellschaft [*OHG, KG: § 131 Ziff. 5 HGB*] wird durch die Eröffnung des Konkurses über das Vermögen eines Gesellschafters aufgelöst [*mit der Folge der §§ 730ff, d.h. Auseinandersetzung, oder § 736, d.h. Fortsetzung. Auseinandersetzung findet außerhalb des Konkurses statt, § 16 I KO. Das Gesellschaftsvermögen selbst ist weder konkurs- noch vergleichsfähig*]. ([2]) Die Vorschriften des § 727 Abs. 2 Satz 2, 3 finden Anwendung.

§ 729 (Fortgeltung der Geschäftsführungsbefugnis nach Auflösung)

Wird die Gesellschaft [*OHG, KG: § 136 HGB*] in anderer Weise als durch Kündigung [*seitens eines Gesellschafters, §§ 723, 724, oder eines Privatgläubigers des einzelnen Gesellschafters, § 725, die nach allgemeinen Regeln nur wirksam ist, wenn sie allen Gesellschaftern gegenüber erklärt wird*] aufgelöst [*also durch erreichten Zweck, Unmöglichkeit, § 726, Tod, § 727, oder Konkurs, § 728*], so gilt [*um den Geschäftsführer, der in nicht fahrlässiger Unkenntnis des Wegfalls der bisherigen Geschäftsführungsbefugnis und damit auch der Vertretungsmacht, §§ 730 II 2, 714, von dieser Gebrauch macht, im Innen- und Außenverhältnis vor seiner Ersatzpflicht, z. B. aus pVV oder aus § 179 II, zu schützen und ihm den Regreßanspruch aus §§ 713, 670 zu erhalten*] die einem Gesellschafter [*abweichend von § 709*] durch den Gesellschaftsvertrag übertragene Befugnis zur Geschäftsführung [*und damit nach § 714 auch zur Vertretung, die beide an sich nach § 730 II 2 mit Eintritt des Auflösungsgrundes erloschen sind*] zu seinen Gunsten [*sowie gegenüber gutgläubigen Geschäftspartnern, § 169*] gleichwohl als fortbestehend, bis er von der Auflösung Kenntnis erlangt oder die Auflösung [*nach den subjektiven Maßstäben des § 122 II*] kennen muß.

§ 730 (Veränderungen des Gesellschaftsverhältnisses infolge der Auflösung)

(I) Nach der Auflösung der Gesellschaft [*durch Eintritt eines Auflösungsgrundes, §§ 723–728, bleibt die Gesellschaft fortbestehen, Abs. II S 1, wenn auch mit verändertem Zweck: an die Stelle des vertraglich vereinbarten werbenden Zweckes tritt der Auseinandersetzungszweck. Es*] findet in Ansehung des Gesellschaftsvermögens [*§ 718*] die Auseinandersetzung [*die mangels abweichender vertraglicher Regelung nach §§ 732–735 erfolgt*] unter den [*unabhängig von ihrer bisherigen Stellung im Zweifel gleichberechtigten, Abs. II S 2*] Gesellschaftern statt. [*Durch die Änderung des Zweckes entfällt die bisherige Geschäftsführung, Abs. II S 2, und Vertretungsmacht, § 714 iVm Abs. II S 2, falls der Gesellschaftsvertrag nicht anderes bestimmt. Die Gesellschaft verliert den Anspruch auf eine bisher noch nicht geleistete Einlage. Die Haftung für Gesellschaftsschulden bleibt bestehen, vgl. § 156 HGB. Bei der OHG und KG gelten die besonderen Regeln der §§ 145–158 HGB, die in der Sache jedoch keine grundlegende Abweichung bedeuten.*]

(II¹) Für die Beendigung der schwebenden Geschäfte, für die dazu erforderliche Eingehung neuer Geschäfte sowie für die Erhaltung und Verwaltung des Gesellschaftsvermögens gilt die Gesellschaft als fortbestehend, soweit der [*veränderte*] Zweck der Auseinandersetzung [*Verteilung des Gesellschaftsvermögens*] es erfordert. (²) Die [*abweichend von § 709*] einem Gesellschafter nach dem Gesellschaftsvertrage zustehende Befugnis zur Geschäftsführung [*und in Folge davon zur Vertretung, § 714*] erlischt jedoch [*abgesehen von der Fiktion in § 729*], wenn nicht aus dem Vertrage sich ein anderes ergibt, mit der Auflösung der Gesellschaft [*§§ 723–728*]; die Geschäftsführung [*und in Folge davon die Vertretung, § 714*] steht von der Auflösung an [*abgesehen von § 729*] allen Gesellschaftern [*iSd § 709 I*] gemeinschaftlich zu [*bei der OHG, KG: §§ 146 I 1, 149 I 2, 150 HGB*].

§ 731 (Reihenfolge der Auseinandersetzung)

([1]) Die Auseinandersetzung [*als Folge der Auflösung der Gesellschaft, § 730*] erfolgt [*nur*] in Ermangelung einer [*von dem gesetzlichen Leitbild der Verflüssigung des Gesellschaftsvermögens abweichenden*] anderen Vereinbarung [*sei es im ursprünglichen Gesellschaftsvertrag oder durch Beschluß auch noch während der Auflösung, in der eine andere Art der Auseinandersetzung vorgesehen ist, z. B. die Übernahme des Gesellschaftsvermögens ohne Liquidation durch einen Gesellschafter*] in Gemäßheit der §§ 732 bis 735 [*über die Reihenfolge der Abwicklung. Danach entsteht erst nach Tilgung aller Gesellschaftsschulden, § 733 I, III, und Rückerstattung der Einlagen, § 733 II, ein Anspruch auf Verteilung des Restvermögens nach Anteilen, § 734. Vgl. dagegen §§ 149 1, 155 bei OHG und KG. Die Verfahrensordnung der §§ 733–735 verpflichtet jedoch nur die Gesellschafter untereinander. Gläubiger haben keinen Anspruch darauf, daß vor Vermögensverteilung ihre Verbindlichkeiten getilgt werden. Sie sind durch die nach allgemeinen Prinzipien auch nach Beendigung fortdauernde persönliche Schuldenhaftung der Gesellschafter, §§ 714, 421, 427, hinreichend geschützt*]. ([2]) Im übrigen gelten [*in Ergänzung der gesetzlichen Verteilungsregeln, z. B. im Falle des § 733 III*] für die Teilung die Vorschriften über die Gemeinschaft [*also die §§ 752–754, 756, 757*].

§ 732 (Rückgabe von Gegenständen)

([1]) Gegenstände [*Räume, Sachen*], die ein Gesellschafter [*zur Erfüllung seiner Beitragspflicht, § 706*] der Gesellschaft [*nur*] zur Benutzung überlassen hat, sind ihm [*grds. sofort*] zurückzugeben [*vgl. § 733 II 3*]. ([2]) Für einen durch Zufall in Abgang gekommenen oder verschlechterten Gegenstand kann er nicht Ersatz verlangen [*d. h. die Gesellschaft haftet für ein Verschulden des geschäftsführenden Gesellschafters, das sie sich nach § 278 und nicht analog § 31 zurechnen lassen muß, auf Schadensersatz*].

§ 733 (Auseinandersetzung: Schuldenberichtigung und Einlagenrückerstattung)

(I[1]) Aus [*Abs. III*] dem Gesellschaftsvermögen [*§ 718*] sind [*auch § 733 berechtigt nur die Gesellschafter untereinander, nicht aber die Gläubiger*] zunächst die gemeinschaftlichen Schulden [*z. B. rechtsgeschäftlich begründete, §§ 714, 427, 421, oder aus Delikt, §§ 830, 840*] mit Einschluß derjenigen zu berichtigen, welche den Gläubigern gegenüber unter den Gesellschaftern [*nach § 420*] geteilt sind [*z. B. Verbindlichkeiten aus ungerechtfertigter Bereicherung, §§ 812 ff*] oder für welche [*Verbindlichkeiten*] einem Gesellschafter [*weil es sich um Geschäfte handelt, die nicht auf dem Gesellschaftsvertrag beruhen, oder um Sozialverpflichtungen wie z. B. den Anspruch auf Ersatz von Aufwendungen, §§ 713, 670*] die übrigen Gesellschafter als Schuldner haften. ([2]) Ist eine Schuld noch nicht fällig oder ist sie streitig, so ist das zur Berichtigung Erforderliche zurückzubehalten [*Rückstellungen*].

(II[1]) Aus dem nach der Berichtigung der Schulden [*bzw. entsprechende Rückstellungen, Abs. I 2*] übrig bleibenden Gesellschaftsvermögen sind [*vorab*] die Einlagen [*aber nicht diese selbst, sondern nur dem Werte nach, Abs. III*] zurückzuerstatten. ([2]) Für Einlagen, die nicht in Geld bestanden haben, ist der Wert zu ersetzen, den sie zur Zeit der Einbringung gehabt haben. ([3]) Für Einlagen, die in der Leistung von Diensten [*nach § 706 Abs. III*] oder in der Überlassung der Benutzung eines Gegenstandes [*§ 706 Abs. II*] bestanden haben, kann [*überhaupt*] nicht [*Wert-*]-Ersatz [*gemäß S 1*] verlangt werden.

(III) Zur Berichtigung der Schulden [*Abs. I*] und zur Rückerstattung der Einlagen [*Abs. II*] ist das Gesellschaftsvermögen, soweit erforderlich [*nach §§ 731 S 2, 752, 753*], in Geld umzusetzen [*d. h. zu versilbern. Der Überschuß ist dann nach § 734 zu verteilen; Fehlbeträge sind nach § 735 zu tragen*].

§ 734 (Auseinandersetzung: Verteilung des Überschusses)

Verbleibt nach der Berichtigung der gemeinschaftlichen Schulden [*§ 733 Abs. I*] und der Rückerstattung der Einlagen [*§ 733 Abs. II*] ein Überschuß, so gebührt er [*sog. Auseinandersetzungsanspruch*] den Gesellschaftern nach dem Verhältnis ihrer Anteile am Gewinne [*§ 722, wobei nach §§ 731 S 2, 752–754, 756, 757 zu verfahren ist. Die Vorab-Berichtigung von gemeinschaftlichen Verbindlichkeiten, § 733 Abs. I, ist nicht zwingendes Recht. Schutz der Gläubiger, wenn das Gesellschaftsvermögen geteilt wird, bevor die Schulden berichtigt sind, ist durch die fortdauernde persönliche Haftung der Gesellschafter gewährleistet*].

§ 735 (Nachschußpflicht)

([1]) Reicht das Gesellschaftsvermögen zur Berichtigung der gemeinschaftlichen Schulden [*§ 733 I*] und zur Rückerstattung der Einlagen [*§ 733 II*] nicht aus, so haben die Gesellschafter [*nach der dispositiven gesetzlichen Regelung*] für den Fehlbetrag [*nicht gesamtschuldnerisch, § 421, sondern nur pro rata*] nach dem Verhältnis aufzukommen [*sog. Nachschußpflicht*], nach welchem sie den Verlust [*§ 722*] zu tragen haben [*vorbehaltlich einer Erhöhung nach S 2*]. ([2]) Kann von einem Gesellschafter [*z. B. infolge Zahlungsunfähigkeit*] der auf ihn entfallende Beitrag nicht erlangt werden, so haben die übrigen Gesellschafter den Ausfall [*Erhöhung der Verlustquote*] nach dem gleichen Verhältnisse [*also entsprechend der Verlustquote, nicht etwa der Kopfzahl der übrigen Gesellschafter*] zu tragen.

§ 736 (Das Ausscheiden eines Gesellschafters)

Ist [*da in Fragen der Fortsetzung der Gesellschaft Vertragsfreiheit besteht*] im [*ursprünglichen*] Gesellschaftsvertrage [*oder durch Fortsetzungsbeschluß aller Gesellschafter nach Eintritt des Auflösungsfalles unter Mitwirkung des Ausscheidenden bzw. seines Erben*] bestimmt, daß, wenn [*z. B.*] ein Gesellschafter [*§§ 723, 724, oder ein Privatgläubiger, § 725*] kündigt oder stirbt [*§ 727*] oder wenn der Konkurs über sein Vermögen eröffnet wird [*§ 728, oder durch Vereinbarung mit den übrigen Gesellschaftern aus der Gesellschaft ausscheidet*], die Gesellschaft [*OHG, KG: §§ 138, 141 HGB*] unter den übrigen Gesellschaftern [*ohne die Erben, sog. Fortsetzungsklausel*] fortbestehen soll, so scheidet bei dem Eintritt eines solchen Ereignisses [*das sonst die Gesellschaft auflösen würde*] der Gesellschafter, in dessen Person es eintritt [*mit oder ohne Abfindungsansprüche, § 738 I 2*], aus der [*mit den verbleibenden Gesellschaftern fortbestehenden*] Gesellschaft aus [*mit den Rechtsfolgen der §§ 738–740* *und § 142 HGB analog für den Fall der zweigliedrigen BGB-Gesellschaft. Dies bedeutet: die Gesellschafterstellung des Ausscheidenden erlischt, sein Gesellschaftsanteil wächst den übrigen Gesellschaftern an, § 738 I 1, die ihn oder seine Erben, soweit nicht vertraglich abbedungen, abzufinden haben, § 738 I 2. Den Ausscheidenden trifft weiterhin die Haftung für während der Dauer seiner Mitgliedschaft entstandene Gesellschaftsschulden. Vgl. für OHG, KG: §§ 143, 159 HGB. Der in eine bestehende BGB-Gesellschaft Eintretende haftet nicht für die vor seinem Eintritt entstandenen Gesellschaftsschulden, da eine § 130 HGB entsprechende Norm in den §§ 705 ff fehlt. Der Eintretende muß allerdings die ZwV in den ihm analog § 738 I 1 anwachsenden Teil des Gesellschaftsvermögens dulden. Gesellschafterwechsel durch Übertragung der Mitgliedschaft: § 717*].

§ 737 (Ausschließung eines Gesellschafters)

(¹) Ist im Gesellschaftsvertrage [*aufgrund einer Fortsetzungsklausel für den Fall der Kündigung*] bestimmt, daß, wenn ein Gesellschafter kündigt, die Gesellschaft unter den übrigen Gesellschaftern fortbestehen soll, so kann ein Gesellschafter, in dessen Person ein die übrigen Gesellschafter nach § 723 Abs. 1 Satz 2 zur Kündigung [*aus wichtigem Grunde*] berechtigender Umstand eintritt [*durch einstimmigen Beschluß, S 2, der Gesellschafter, der dem ausgeschlossenen Gesellschafter außerdem noch mitgeteilt werden muß, S 3*], aus der Gesellschaft ausgeschlossen werden [*wenn für die übrigen Gesellschafter die weitere Zusammenarbeit unzumutbar geworden ist und eine weniger einschneidende Maßnahme zur Beseitigung der Konfliktsituation nicht in Betracht kommt, z. B. Entzug einzelner Befugnisse*]. (²) Das Ausschließungsrecht steht den übrigen Gesellschaftern gemeinschaftlich [*iSd § 709 I*] zu [*sofern nicht der Gesellschaftsvertrag eine Mehrheitsentscheidung vorsieht*]. (³) Die Ausschließung erfolgt durch Erklärung gegenüber [*§ 130*] dem auszuschließenden Gesellschafter [*dessen Gesellschafterstellung erlischt, dessen Gesellschaftsanteil den verbleibenden Gesellschaftern anwächst, § 738 I 1, und der einen Auseinandersetzungsanspruch, § 738 I 2, erwirbt. Für die bis zu seinem Ausscheiden schon entstandenen Altschulden der Gesellschaft haftet er weiterhin; vgl. § 738 I 2. Bei einer Zweimann-Gesellschaft besteht ein Übernahmerecht analog § 142 I HGB, str.*].

§ 738 (Auseinandersetzung bei Ausscheiden aus der Gesellschaft)

(I¹) Scheidet ein Gesellschafter [*aufgrund vertraglicher Regelung oder der gesetzlichen Fälle der §§ 736, 737 und §§ 138, 140, 141 HGB*] aus der [*fortbestehenden*] Gesellschaft [*OHG, § 105 II HGB, und KG, § 161 II HGB*] aus, so wächst sein Anteil [*§§ 718 I, 719 I*] am Gesellschaftsvermögen [*im Wege der Gesamtrechtsnachfolge ohne Einzelübertragung der zum Gesellschaftsvermögen gehörenden Gegenstände*] den übrigen [*oder nur einigen Gesellschaftern, falls der Gesellschaftsvertrag eine entsprechende Regelung, u.U. unter Ausschluß von Abfindungsansprüchen, vorsieht*] Gesellschaftern zu [*sog. Anwachsung*]. (²) Diese [*auch die OHG, § 105 II HGB, und die KG, § 161 II HGB*] sind [*falls der Gesellschaftsvertrag die Abfindung nicht abweichend von den dispositiven §§ 738–740 regelt, insbes. die Abfindung völlig ausschließt*] verpflichtet, [*1. Alt*] dem Ausscheidenden die Gegenstände, die er [*als Beitrag, § 706*] der Gesellschaft zur Benutzung überlassen hat, nach Maßgabe des § 732 zurückzugeben, [2. *Alt*] ihn von den gemeinschaftlichen Schulden [*§§ 714, 427, 421 und §§ 124 I, 128, 161 II HGB, für die der ausscheidende Gesellschafter den Gläubigern weiter haftet, vgl. § 143 I, II HGB*] zu befreien [*sog. Freistellungsanspruch, den die anderen Gesellschafter durch Begleichung der Gesellschaftsverbindlichkeit erfüllen können, vgl. S 3*] und [3. *Alt*] ihm [*aufgrund einer Abschichtungsbilanz, vgl. Abs. II*] dasjenige [*Auseinandersetzungsguthaben*] zu zahlen, was er bei der Auseinandersetzung [*nach § 734 und § 155 I HGB*] erhalten würde, wenn die Gesellschaft zur Zeit seines Ausscheidens aufgelöst worden wäre. (3) Sind gemeinschaftliche Schulden noch nicht fällig, so können die übrigen Gesellschafter dem Ausscheidenden, statt ihn [*nach S 2*] zu befreien, Sicherheit [*nach Maßgabe der §§ 232 ff*] leisten.

(II) Der Wert des Gesellschaftsvermögens ist [*bei der Feststellung des Auseinandersetzungsguthabens aufgrund der Abschichtungsbilanz, Abs. II 2 3. Alt*], soweit erforderlich, im Wege der Schätzung [*auf Basis des Liquidationswertes*] zu ermitteln.

§ 739 (Anspruch auf Zahlung des Verlustanteils)

Reicht [*bei Feststellung des Auseinandersetzungsguthabens, § 738 I 2 2. Alt*] der Wert des Gesellschaftsvermögens zur Deckung der gemeinschaftlichen Schulden und der Einlagen nicht aus, so hat der Ausscheidende den übrigen Gesellschaftern für den Fehlbetrag nach dem Verhältnisse seines Anteils am Verlust [*§ 722*] aufzukommen.

§ 740 (Anspruch auf Abrechnung der schwebenden Geschäfte)

(I1) Der Ausgeschiedene nimmt an dem Gewinn und dem Verluste teil, welcher sich aus den zur Zeit seines Ausscheidens schwebenden Geschäften ergibt. (2) Die übrigen Gesellschafter sind berechtigt, diese Geschäfte so zu beendigen, wie es ihnen am vorteilhaftesten erscheint.

(II) Der Ausgeschiedene kann am Schlusse jedes Geschäftsjahrs Rechenschaft über die inzwischen beendigten Geschäfte, Auszahlung des ihm gebührenden Betrags und Auskunft über den Stand der noch schwebenden Geschäfte verlangen.

Fünfzehnter Titel
Gemeinschaft

[§§ 741–758]

§ 741 (Schlichte Rechtsgemeinschaft)

Steht ein Recht [*Mit- oder Gesamthandseigentum an beweglichen Sachen und Grundstücken, Pfandrechte, § 1258, Nießbrauch, § 1066, Besitz, § 866, und Forderungen etc.*] mehreren gemeinschaftlich zu [*z. B. durch Verbindung, Vermischung, Verarbeitung, §§ 946 ff, entsteht kraft Gesetzes Miteigentum. Bei gemeinsam erworbenen Gegenständen kann eine Gesellschaft iSd § 705 oder eine Bruchteilsgemeinschaft begründet werden. Nur eine Bruchteilsgemeinschaft entsteht, wenn kein über die Verwaltung, Benutzung und Verwertung z. B. des Grundbesitzes hinausgehender weiterer Zweck verfolgt wird*], so finden, sofern sich nicht aus dem Gesetz [*wie bei der Gläubi-*

germehrheit aus §§ 420, 428, 430, 432 und den Gesamthandsgemeinschaften der Gesellschaft, der Gütergemeinschaft, §§ 1415ff, und der Erbengemeinschaft, §§ 2032 ff, aus ihrer rechtlichen Struktur, die anders als die Bruchteilsgemeinschaft, § 747 S 1, in der Regel keine verfügbaren Anteile der Beteiligten, vgl. §§ 718, 1419, kennen] ein anderes ergibt, die Vorschriften der §§ 742 bis 758 Anwendung (Gemeinschaft nach Bruchteilen). [*Soweit bei den Gesamthandsgemeinschaften nicht durch Sondervorschriften anderes bestimmt ist, findet das Recht der Bruchteilsgemeinschaft subsidiär Anwendung. Dies gilt namentlich für die Notgeschäftsführung, § 744 II, und die besonderen Regeln der Auseinandersetzung, vgl. § 731 S 2 iVm §§ 752 ff. Eintragung ins Grundbuch: § 47 GBO.*]

§ 742 (Umfang der ideellen Anteile)

Im Zweifel ist [*als Auslegungsregel*] anzunehmen, daß den Teilhabern gleiche Anteile zustehen [*falls das Gesetz die Größe der Anteile nicht anders bemißt, vgl. §§ 947 I, 948 I, § 6 I 2 DepotG*].

§ 743 (Anspruch auf Früchte; selbständiges Gebrauchsrecht)

(I) Jedem Teilhaber gebührt [*d.h. er hat nur einen schuldrechtlichen Anspruch gegen die Mitteilhaber, aber kein selbständiges Einziehungsrecht, da dies eine Verwaltungsmaßnahme ist, vgl. §§ 744, 745*] ein seinem Anteil [*§ 742*] entsprechender [*§ 745 III 2*] Bruchteil der Früchte [*iSd § 99, z.B. Getreide, Obst, Mieteinnahmen. Die Verteilung der Früchte erfolgt nach §§ 752–754. § 743 I regelt nicht die Eigentumsverhältnisse an den Früchten; es gelten die §§ 953 ff*].

(II) Jeder Teilhaber ist [*anders als bei Abs. I, kraft eigenen Gebrauchsrechtes*] zum Gebrauche des [*ganzen*] gemeinschaftlichen Gegenstandes insoweit befugt, als nicht der Mitgebrauch der übrigen Teilhaber beeinträchtigt wird. [*Schutz der übrigen Teilhaber durch Unterlassungsklage; aber Besitzschutz, § 866.*]

§ 744 (Innenverhältnis: Gemeinschaftliche Verwaltung, Notverwaltungsrecht)

(I) Die Verwaltung des gemeinschaftlichen Gegenstandes [*beinhaltet u.a. alle tatsächlichen Maßnahmen, Abschluß von Verträgen, Verfügungen, z.B. Veräußerung oder Verpfändung der Sache, Geltendmachung von Forderungen, Führung von Rechtsstreitigkeiten*] steht den Teilhabern [*wenn eine Bestimmung über die Verwaltung fehlt, § 745 II, I, oder Abs. II nicht jedem Teilhaber Alleinverwaltungsmacht gibt*] gemeinschaftlich zu [*d.h. bedarf der Zustimmung, §§ 182 ff, aller Teilhaber. Folgen im Außenverhältnis: 1. Verfügungsbefugnis ist gemeinschaftlich, § 747 S 2; Ausnahmefälle: §§ 744 II, 745 II, I; 2. Verpflichtungsgeschäfte: Rechtsgeschäfte eines Teilhabers im eigenen Namen begründen nur dessen Haftung; gemeinschaftlich abgeschlossene Verträge: §§ 427, 421; Ausgleichspflicht im Innenverhältnis: § 748; 3. Prozeßführungsbefugnis ist gemeinschaftlich. Ausnahme: § 744 II, str., § 745*].

(II) Jeder [*auch der nicht verwaltungsbefugte, § 745 II, I*] Teilhaber [*gilt auch für den Gesellschafter, vgl. § 710 S 1, §§ 114 II, 116 II, 164 HGB*] ist berechtigt [*kraft gesetzlicher Ermächtigung im Wege der Notgeschäftsführung*], die zur Erhaltung des [*gemeinschaftlichen*] Gegenstandes notwendigen Maßregeln ohne Zustimmung der anderen Teilhaber zu treffen [*im Außenverhältnis gibt § 744 II keine Vertretungsmacht und Prozeßführungsbefugnis über den gemeinschaftlichen Gegenstand, BGHZ 17, 184, str.*]; er kann verlangen, daß diese ihre Einwilligung zu einer solchen Maßregel im voraus erteilen.

§ 745 (Innenverhältnis: Regelung der Verwaltung und Benutzung durch Vereinbarung oder Beschluß)

(I¹) Durch Stimmenmehrheit [*oder vertragliche Regelung, Abs. II*] kann eine der Beschaffenheit des gemeinschaftlichen Gegenstandes entsprechende ordnungsmäßige Verwaltung und Benutzung beschlossen werden [*Grenze: Abs. III*]. (²) Die Stimmenmehrheit ist nach der Größe der Anteile zu berechnen. [*Die Verwaltungsbefugnis der Mehrheit gibt ein Recht zur Vertretung, zu Verfügungen und zur Prozeßführung, str.*]

(II) Jeder Teilhaber kann, sofern nicht die Verwaltung und Benutzung durch Vereinbarung oder durch Mehrheitsbeschluß [*Abs. I*] geregelt ist, eine dem Interesse aller Teilhaber nach billigem Ermessen entsprechende Verwaltung und Benutzung verlangen [*und ggf. auf Grund einer Klage erwirken. Fortgeltung und Regelung bei Anteilsveräußerung: §§ 746, 1010 I*].

(III¹) Eine wesentliche Veränderung des Gegenstandes kann nicht beschlossen oder verlangt werden. (²) Das Recht des einzelnen Teilhabers auf einen seinem Anteil entsprechenden Bruchteil der Nutzungen [*§ 100, vgl. § 743*] kann nicht ohne seine Zustimmung beeinträchtigt werden.

§ 746 (Bindung des Sondernachfolgers an die Verwaltungsregelung)

Haben die Teilhaber die Verwaltung und Benutzung des gemeinschaftlichen Gegenstandes [*z. B. durch Abrede, § 745 II, oder Beschluß, § 745 I*] geregelt, so wirkt die getroffene Bestimmung [*auch gegenüber dem Gesamtrechtsnachfolger, z. B. dem Erben des Teilhabers, § 1922, sowie*] auch für und gegen [*Bestimmung wirkt bei Miteigentum an Grundstücken nur nach Grundbucheintrag zu Lasten der Erwerber, § 1010 I*] die Sondernachfolger [*z. B. Anteilserwerber und Pfandgläubiger*].

§ 747 (Einzelverfügungsbefugnis über den Anteil)

(¹) Jeder Teilhaber [*der Bruchteilsgemeinschaft, § 741, ins. der Miteigentümer*] kann über seinen [*dinglichen*] Anteil [*an beweglichen Sachen und Grundstücken etc.*] verfügen [*z. B. den Anteil übertragen oder verpfänden. Da die Verfügungsform in §§ 741 ff nicht geregelt ist, erfolgt die Übertragung und Belastung des Anteils nach den Regeln des Individualrechts. Ein Grundstücksanteil kann also nur entsprechend der Formvorschrift der §§ 873, 925 übertragen werden. Das Miteigentum an beweglichen Sachen kann nach §§ 929 ff erworben werden. Vgl. im übrigen § 1008 m. Anm. Gläubiger können auch den Anteil des schuldenden Teilhabers pfänden und nach § 751 S 2 die Auseinandersetzung der Gemeinschaft betreiben. Die Pfändung des Miteigentums an beweglichen Sachen richtet sich nach § 857 I ZPO; der Grundstücksanteil unterliegt nur der Immobiliarzwangsvollstreckung, §§ 864 II, 866 ZPO*]. (²) Über den gemeinschaftlichen Gegenstand im ganzen [*z. B. über das Grundstück insgesamt*] können die Teilhaber nur gemeinschaftlich [*d.h. mit Zustimmung, §§ 182ff, aller Teilhaber*] verfügen. [*Ob § 744 Abs. II dem Notgeschäftsführer und § 745 der Teilhabermehrheit daneben Einzelverfügungsbefugnis geben, ist strittig, wird aber mit Recht zunehmend befürwortet.*]

§ 748 (Haftung und Ausgleich im Innenverhältnis)

Jeder Teilhaber ist den anderen Teilhabern gegenüber verpflichtet, die Lasten [*§ 103*] des gemeinschaftlichen Gegenstandes sowie die Kosten [*ins. auch für Verbindlichkeiten, die in der Person des nach außen handelnden Teilhabers entstanden sind, vgl. § 744*] der Erhaltung, der Verwaltung und einer gemeinschaftlichen Benutzung [*im Innenverhältnis*] nach dem Verhältnisse seines Anteils zu tragen. [*Daneben kann der ausgleichsberechtigte Teilhaber auf §§ 683 S 1, 670, bzw. §§ 684 S 1, 812, zurückgreifen.*]

§ 749 (Anspruch auf Aufhebung der Gemeinschaft)

(I) Jeder Teilhaber kann [*von den übrigen Teilhabern, falls die Aufhebung nicht abweichend von den §§ 749–758 geregelt wird*] jederzeit [*vgl. § 758*] die [*Zustimmung zur*] Aufhebung der Gemeinschaft [*und zugleich die Zustimmung zu Maßnahmen der Auseinandersetzung, §§ 752–756, und die Zustimmung zur Teilung, § 747 S 2, kraft unabtretbaren und unpfändbaren, § 851 ZPO, Anspruchs, der aus dem gesetzlichen Schuldverhältnis zwischen den Teilhabern fließt*] verlangen. [*Bis zur Beendigung der Auseinandersetzung bleibt die Bruchteilsgemeinschaft identisch bestehen.*]

(II[1]) Wird das Recht, die Aufhebung zu verlangen, durch Vereinbarung für immer oder auf Zeit ausgeschlossen [*vgl. § 751*], so kann die Aufhebung gleichwohl verlangt werden, wenn ein wichtiger Grund vorliegt. ([2]) Unter der gleichen Voraussetzung kann, wenn eine Kündigungsfrist bestimmt wird, die Aufhebung ohne Einhaltung der Frist verlangt werden.

(III) Eine Vereinbarung, durch welche das Recht, die Aufhebung zu verlangen, diesen Vorschriften zuwider ausgeschlossen oder beschränkt wird, ist nichtig.

§ 750 (Ausschluß der Aufhebung auf Zeit)

Haben die Teilhaber das Recht [*§ 749 I*], die Aufhebung der Gemeinschaft zu verlangen [*nach Maßgabe des § 749 II, III*], auf Zeit ausgeschlossen, so tritt die Vereinbarung im Zweifel mit dem Tode eines Teilhabers außer Kraft [*vgl. § 751*].

§ 751 (Wirkung gegenüber Sondernachfolger; Pfändung des Anteils)

([1]) Haben die Teilhaber das Recht, [*nach § 749 I*] die Aufhebung der Gemeinschaft zu verlangen, [*gemäß § 749 II*] für immer oder auf Zeit ausgeschlossen oder eine Kündigungsfrist bestimmt, so wirkt die Vereinbarung auch für und gegen [*vgl. § 1010*] die Sondernachfolger. ([2]) Hat ein Gläubiger die Pfändung des Anteils [*§ 747 S 1*] eines Teilhabers [*an beweglichen Sachen gemäß §§ 857 I, II, 828ff ZPO, und an Grundstücken gemäß §§ 864 II, 866 I ZPO*] erwirkt, so kann er ohne Rücksicht auf die [*gemäß § 749 II getroffene*] Vereinbarung [*der Teilhaber über den Aus-*

schluß der Aufhebung] die Aufhebung der Gemeinschaft [*und Teilung nach §§ 752, 753*] verlangen, sofern der Schuldtitel [*iSd §§ 708ff ZPO*] nicht bloß vorläufig vollstreckbar ist. [*Daneben kann er sich den Aufhebungsanspruch, § 749 I, nach § 857 III ZPO, str., und auch den Anspruch auf Teilung des Erlöses, § 753 I, pfänden und überweisen lassen. Vgl. auch § 1258.*]

§ 752 (Teilung in Natur)

(1) Die Aufhebung der Gemeinschaft [*als Folge des Aufhebungsverlangens nach §§ 749 I, 751 S 2*] erfolgt [*mangels einer abweichenden Verfahrensvereinbarung der Teilhaber nach §§ 752–757. Danach erfolgt dies grundsätzlich*] durch Teilung in Natur [*gebunden an die Zustimmung aller Teilhaber nach § 747 S 2*], wenn der gemeinschaftliche Gegenstand [*wie z. B. Geld, Wertpapiere, Briefhypothek, Erbanteil, unbebaute Grundstücke. Nicht: Wohnhäuser*] oder, falls mehrere Gegenstände gemeinschaftlich sind, diese sich ohne Verminderung des Wertes in gleichartige, den Anteilen der Teilhaber entsprechende [*im Zweifel gleiche*] Teile [*§ 742*] zerlegen lassen. [*Bei Unteilbarkeit: § 753*] (2) Die Verteilung [*die in jedem Falle eine Zuordnungsänderung bewirkt, deshalb z. B. eine Übereignung nach §§ 929, 873, 925 I. Verkäufergleiche Haftung: § 757*] gleicher Teile unter die Teilhaber geschieht durch das Los.

§ 753 (Teilung durch Verkauf)

(I1) [*Kommt eine abweichende Teilungsvereinbarung nicht zustande und*] Ist die Teilung in Natur [*nach § 752 wegen Unteilbarkeit*] ausgeschlossen, so erfolgt die Aufhebung der Gemeinschaft [*gebunden an die Zustimmung aller Teilhaber, § 747 S 2*] durch Verkauf des gemeinschaftlichen Gegenstandes [*bewegliche Sache, Forderung, § 754*] nach den Vorschriften über den Pfandverkauf [*§§ 1233–1247*], bei Grundstücken [*ins. mit Wohnhäusern, vgl. § 752*] durch Zwangsversteigerung [*nach §§ 180–184 ZVG, ohne daß ein Titel gegen die anderen Teilhaber erforderlich ist, § 181 ZVG*], und durch Teilung des Erlöses [*im Verhältnis der Anteile, § 742*]. (2) Ist die Veräußerung [*z. B. aufgrund einer Vereinbarung, §§ 749 II, 751*] an einen Dritten unstatthaft, so ist der Gegenstand unter den Teilhabern zu versteigern.

(II) Hat der Versuch, den Gegenstand zu verkaufen, keinen Erfolg, so kann jeder Teilhaber die Wiederholung verlangen; er hat jedoch die Kosten zu tragen, wenn der wiederholte Versuch mißlingt.

§ 754 (Teilung einer Forderung)

(1) Der Verkauf einer [*iSd § 752 unteilbaren!*] gemeinschaftlichen Forderung ist nur zulässig, wenn sie [*z. B. vor Eintritt der Fälligkeit*] noch nicht eingezogen werden kann. (2) Ist die Einziehung möglich, so kann jeder Teilhaber gemeinschaftliche Einziehung verlangen. [*Der Leistungsgegenstand, der wiederum gemeinschaftlich ist, wird nach §§ 752ff verwertet.*]

§ 755 (Berichtigung von Gesamtschulden)

(I) Haften die Teilhaber [*im Außenverhältnis nach §§ 431, 427*] als Gesamtschuldner für eine Verbindlichkeit, die sie [*im Innenverhältnis*] in Gemäßheit [*der*

Ausgleichspflicht] des § 748 nach dem Verhältnis ihrer Anteile zu erfüllen haben oder die sie zum Zwecke der Erfüllung einer solchen Verbindlichkeit eingegangen sind, so kann jeder Teilhaber bei der Aufhebung der Gemeinschaft verlangen, daß die Schuld [*vorweg*] aus [*vgl. Abs. III*] dem gemeinschaftlichen Gegenstande berichtigt wird.

(II) Der Anspruch kann auch gegen die Sondernachfolger [*z. B. Anteilserwerber, vgl. § 1010 II*] geltend gemacht werden.

(III) Soweit zur Berichtigung der Schuld [*Abs. I*] der Verkauf des gemeinschaftlichen Gegenstandes erforderlich ist, hat der Verkauf nach § 753 zu erfolgen.

§ 756 (Berichtigung einer Forderung gegen Teilhaber)

([1]) Hat ein Teilhaber gegen einen anderen Teilhaber eine Forderung, die sich auf die Gemeinschaft gründet [*z. B. gemeinschaftliche Lastentragung für Schulden, § 748. Ausgenommen bleiben Verbindlichkeiten aus Rechtsverhältnissen, die sich nicht auf die Gemeinschaft beziehen*], so kann er bei der Aufhebung der Gemeinschaft die Berichtigung seiner Forderung aus dem [*nach §§ 752, 753*] auf den Schuldner entfallenden Teile des gemeinschaftlichen Gegenstandes verlangen [*vgl. § 51 KO*]. ([2]) Die Vorschriften des § 755 Abs. 2 [*Sondernachfolger*], 3 [*Verkauf des gemeinschaftlichen Gegenstandes*] finden Anwendung.

§ 757 (Gewährleistung)

Wird bei der Aufhebung der Gemeinschaft ein gemeinschaftlicher Gegenstand einem der Teilhaber [*nach § 752*] zugeteilt, so hat wegen eines Mangels im Rechte [*§§ 434 ff*] oder wegen eines Mangels der Sache [*§§ 459 ff*] jeder der übrigen Teilhaber zu seinem Anteil in gleicher Weise wie ein Verkäufer Gewähr zu leisten [*bei Pfandverkauf nach § 753 gelten §§ 1242 II, 1244, 439 für Rechtsmängelhaftung, für Sachmängel §§ 1235 I, 461*].

§ 758 (Unverjährbarkeit)

Der Anspruch auf Aufhebung der Gemeinschaft [*§ 749 I*] unterliegt nicht der Verjährung.

Handelsgesetzbuch
Zweites Buch
Handelsgesellschaften und stille Gesellschaft

Zweites Buch
Handelsgesellschaften
[OHG, KG]
und stille Gesellschaft
[§§ 105–342]

Erster Abschnitt
Offene Handelsgesellschaft
[§§ 105–160]

Erster Titel
Errichtung der Gesellschaft
[§§ 105–108]

§ 105 (Begriffsmerkmale der offenen Handelsgesellschaft)

(I) Eine Gesellschaft, deren Zweck auf den Betrieb eines [*vollkaufmännischen, § 4 II, I*] Handelsgewerbes [*§§ 1, 2, 3, 4*] unter gemeinschaftlicher Firma [*§ 19 I*] gerichtet ist, ist eine [*nicht rechtsfähige, § 124 I*] offene Handelsgesellschaft [*§ 6, kraft Grundhandelsgewerbes, § 1 I, II, oder konstitutiver Registereintragung, §§ 2, 3*], wenn [*durch Abschluß eines entsprechenden fehlerfreien oder auf fehlerhafter Vertragsgrundlage in Vollzug gesetzten Gesellschaftsvertrages, §§ 705, 706 BGB, der abgesehen von §§ 1822 Nr. 3, 1643 BGB keiner Form bedarf und mündlich – auch konkludent – eingegangen werden kann*] bei keinem der Gesellschafter die Haftung gegenüber den Gesellschaftsgläubigern [*aus § 128 für Verbindlichkeiten der auch nach außen wirksam entstandenen OHG, § 124 I, und zwar kraft konstitutiver Eintragung in das Handelsregister, wenn die Gesellschaft ein gewerbliches Unternehmen nach §§ 2, 3 betreibt, § 123 I, oder kraft Geschäftsbeginn bei beabsichtigtem Grundhandelsgewerbe, §§ 1, 123 II*] beschränkt ist [*vgl. §§ 161 I, 171–173. Ist die Gründung der OHG fehlgeschlagen, da es an einem wirksamen, oder überhaupt an einem Gesellschaftsvertrag bzw. an dem Betreiben eines vollkaufmännischen Handelsgewerbes fehlt, so kann sich aus §§ 5, 15 und nach handelsrechtlichen Rechtsscheingrundsätzen dennoch eine persönliche, unbeschränkte Haftung, § 128 S 1, für alle im Namen der Scheingesellschaft eingegangenen Verbindlichkeiten ergeben. Vgl. §§ 123, 176*].

(II) Auf die offene Handelsgesellschaft finden, soweit nicht in diesem Abschnitt [*§§ 105–160*] ein anderes vorgeschrieben ist [*z. B. durch Sondervorschriften der Geschäftsführung, §§ 114ff, Vertretung, §§ 125ff, und Haftung der Gesellschafter, §§ 128–130*], die Vorschriften des Bürgerlichen Gesetzbuches über die »Gesellschaft« [*unmittelbare*] Anwendung [*z. B. §§ 705–708, 713, 717–720, 722 II, 725 II, 732, 735, 738–740 BGB*].

§ 106 (Anmeldung der Errichtung)

(I) Die Gesellschaft [*OHG, KG: § 162*] ist bei dem Gericht, in dessen Bezirke sie ihren Sitz hat, [*von allen Gesellschaftern, § 108 I*] zur Eintragung in das Handelsregister anzumelden.

(II) Die Anmeldung [*Abs. I*] hat zu enthalten:
1. den Namen, Vornamen, Stand und Wohnort jedes Gesellschafters;
2. die Firma [*§ 19*] der Gesellschaft und den Ort, wo sie ihren Sitz hat;
3. den Zeitpunkt, mit welchem die Gesellschaft begonnen hat [*vgl. § 123*].

§ 107 (Anzumeldende Firmenänderung, Sitzverlegung, Eintritt eines neuen Gesellschafters)

Wird die Firma [*§ 19*] einer Gesellschaft geändert oder der Sitz der Gesellschaft an einen anderen Ort verlegt oder tritt ein neuer Gesellschafter in die Gesellschaft ein [*zur Haftung: §§ 130, 139; 161 II; 173, 176 II. Zum Eintritt eines Kommanditisten: § 162 III*], so ist dies ebenfalls [*von allen Gesellschaftern, § 108 I*] zur [*deklaratorischen*] Eintragung in das Handelsregister anzumelden.

§ 108 (Anmeldepflicht)

(I) Die Anmeldungen [*§§ 106, 107*] sind von sämtlichen Gesellschaftern [*einschließlich des nicht vertretungsberechtigten Kommanditisten*] zu bewirken. [*Beispiele für andere anzumeldende Tatsachen: §§ 125 IV, 143, 144, 148, 150, 157, 162, 175.*]

(II) Die Gesellschafter, welche die Gesellschaft vertreten sollen [*§§ 125, 161 II, 170*], haben [*bei der Anmeldung, Abs. I*] die Firma nebst ihrer Namensunterschrift zur Aufbewahrung bei dem Gerichte [*des Sitzes, § 106*] zu zeichnen.

Zweiter Titel
Rechtsverhältnis der Gesellschafter untereinander

[Innenverhältnis: §§ 110–122]

§ 109 (Grundsatz der Vertragsfreiheit)

Das Rechtsverhältnis der Gesellschafter untereinander richtet sich [*nach dem Prinzip gesellschaftsrechtlicher Vertragsfreiheit*] zunächst nach dem Gesellschaftsvertrage [*vgl. für KG: § 163*]; die [*abdingbaren*] Vorschriften der §§ 110 bis 122 [*und über § 105 II die §§ 705–708, 713, 717–720, 722 II BGB*] finden nur insoweit Anwendung, als nicht durch den Gesellschaftsvertrag ein anderes bestimmt ist.

§ 110 (Aufwendungs- und Schadensersatzanspruch)

(I) Macht der Gesellschafter [*nicht: der geschäftsführende Gesellschafter; hier zusätzlich § 105 II m. §§ 713, 670 BGB*] in den Gesellschaftsangelegenheiten [*freiwillige Opfer von Vermögenswerten, also*] Aufwendungen, die er den Umständen nach [*subjektiv*] für erforderlich halten darf [*befriedigt er ins. nach §§ 128 S 1, 130, 171 I, 173 Gesellschaftsgläubiger*], oder erleidet er »unmittelbar« [*adäquat kausal verursacht*] durch [*ein im Vergleich zum allgemeinen Lebensrisiko gesteigertes, typisches Risiko*] seine[*r*] Geschäftsführung [*die Maßnahmen iSd §§ 114–116 und jede sonstige Tätigkeit im Auftrage, §§ 662 ff, 675 BGB, der Gesellschaft umfaßt*] oder aus Gefahren, die mit ihr [*typischerweise*] »untrennbar« [*!*] verbunden sind, [*unfreiwillige Einbußen an Rechten oder Rechtsgütern, also*] Verluste, so ist ihm die Gesellschaft [*§§ 124 I, 161 II;*

sog. Sozialverpflichtung zur Freistellung von der Verbindlichkeit, § 257 BGB, oder] zum Ersatze [*in voller Höhe ohne Abzug seines Verlustanteils*] verpflichtet.

[*Insgesamt hat der Gesellschafter, der an den Gläubiger gezahlt und dadurch die Gesellschaft und die anderen Gesellschafter, § 422 I BGB, befreit hat, Regreßmöglichkeiten gegenüber der OHG, KG und den Mitgesellschaftern. Vgl. dazu im einzelnen die Zusammenfassung in Anm. zu § 128. Zu beachten ist in diesem Zusammenhang, daß Regreßansprüche gegen die Gesellschaft aus Auftrag oder G. o. A. ausgeschlossen sein sollen. Der Rückgriff aus § 670 BGB scheidet aus, weil § 110 Sondervorschrift ist, Geschäftsführungsansprüche, §§ 677, 683, 670 BGB bzw. §§ 684 S 1, 812 BGB, sind durch § 687 I BGB ausgeschlossen, eine Leistungskondiktion, § 812 I 1 1. Alt BGB, kommt nicht in Betracht, da der Leistende selbst verpflichtet ist.*]

(II) Aufgewendetes Geld hat die Gesellschaft von der Zeit der Aufwendung an zu verzinsen.

§ 111 (Verzögerte Geldeinlagen)

(I) Ein Gesellschafter, der seine Geldeinlage [*zu deren Leistung er aus §§ 705, 706 BGB, § 105 II verpflichtet ist*] nicht zur rechten Zeit einzahlt oder eingenommenes Gesellschaftsgeld nicht zur rechten Zeit an die Gesellschaftskasse abliefert oder unbefugt Geld aus der Gesellschaftskasse [*§ 122*] für sich entnimmt, hat [*als Mindestfolge, Abs. II*] Zinsen [*Höhe: § 352*] von dem Tage an zu entrichten, an welchem die Zahlung oder die Ablieferung hätte geschehen sollen oder die Herausnahme des Geldes erfolgt ist.

(II) Die Geltendmachung eines weiteren Schadens [*pVV, § 823 II BGB iVm §§ 246, 266 StGB*] ist nicht ausgeschlossen.

§ 112 (Verbotene Wettbewerbshandlungen

(I) Ein Gesellschafter [*einer OHG und Komplementär einer KG, §§ 161 II, 165*] darf ohne Einwilligung [*Abs. II*] der anderen Gesellschafter weder in dem Handelszweige der Gesellschaft Geschäfte machen noch an einer anderen gleichartigen Handelsgesellschaft [*OHG, KG, KGaA*] als persönlich haftender Gesellschafter teilnehmen [*gleichgültig, ob die gleichartige Handelsgesellschaft im Handelszweig der Gesellschaft tätig wird oder nicht. Sanktionen: § 113. Außerdem kann die Gesellschaft auf Unterlassung klagen*].

(II) Die Einwilligung zur Teilnahme an einer anderen Gesellschaft gilt als erteilt, wenn den übrigen Gesellschaftern bei Eingehung der Gesellschaft bekannt ist, daß der Gesellschafter an einer anderen Gesellschaft als persönlich haftender Gesellschafter teilnimmt, und gleichwohl die Aufgabe dieser Beteiligung nicht ausdrücklich bedungen wird.

§ 113 (Rechtsfolgen eines Wettbewerbsverstoßes)

(I) Verletzt ein Gesellschafter die ihm nach § 112 obliegende Verpflichtung, so kann die Gesellschaft [*vgl. § 124 I*] Schadensersatz fordern; sie kann statt dessen [*ihr Eintrittsrecht ausüben und*] von dem Gesellschafter verlangen, daß er die für eigene

Rechnung gemachten [*verbotswidrigen*] Geschäfte [*auch die unzulässige Beteiligung an einer gleichartigen Handelsgesellschaft fällt unter den Begriff der verbotswidrigen Geschäfte, str.*] als für Rechnung der Gesellschaft eingegangen gelten lasse und die aus Geschäften für fremde Rechnung bezogene Vergütung herausgebe oder seinen Anspruch auf die Vergütung abtrete [*sowie Auskunft erteile und Rechnung lege, analog §§ 666, 681 S 2, 687 II 1, 1890, 1915, 2218 BGB*].

(II) Über die Geltendmachung dieser Ansprüche [*Schadensersatz, Eintrittsrecht, Auskunftserteilung und Rechnungslegung*] beschließen [*im Zweifel einstimmig, § 119 I*] die übrigen Gesellschafter.

(III) Die Ansprüche verjähren [*§ 222 BGB*] in drei Monaten von dem Zeitpunkt an, in welchem die übrigen Gesellschafter von dem Abschlusse des Geschäfts oder von der Teilnahme des Gesellschafters an der anderen Gesellschaft Kenntnis erlangen; sie verjähren ohne Rücksicht auf diese Kenntnis in fünf Jahren von ihrer Entstehung an.

(IV) Das Recht der [*übrigen*] Gesellschafter [*wegen der verbotswidrigen Geschäfte*], [*nach § 133*] die Auflösung der Gesellschaft zu verlangen [*oder den untreuen Gesellschafter von der Geschäftsführung, § 117, und Vertretung, § 127, oder aber aus der Gesellschaft, § 140, auszuschließen*], wird durch diese Vorschriften nicht berührt. [*Strittig ist, ob und inwieweit § 1 GWB auf § 112 anzuwenden ist.*]

§ 114 (Innenverhältnis: Einzelgeschäftsführung als Regelform)

(I) Zur Führung der Geschäfte der Gesellschaft [*die der gewöhnliche Betrieb des Handelsgewerbes gerade dieser Gesellschaft mit sich bringt, vgl. § 116 I*] sind [*im Innenverhältnis*] alle Gesellschafter berechtigt [*so daß jeder persönlich haftende Gesellschafter, vgl. § 164, befugt ist, allein sämtliche Geschäftsführungsmaßnahmen vorzunehmen, vgl. § 115 I 1. HS, sofern nicht auch nur ein Geschäftsführer widerspricht, § 115 I 2. HS*] und verpflichtet [*wobei die Rechte und Pflichten des geschäftsführenden Gesellschafters sich zuerst nach dem Gesellschaftsvertrag, vgl. § 109, und hilfsweise über § 105 II iVm § 713 BGB nach Auftragsrecht, §§ 664–670 BGB, mit Abweichungen gemäß §§ 110, 111 richten*].

(II) Ist »im Gesellschaftsvertrage« die Geschäftsführung einem Gesellschafter oder mehreren Gesellschaftern übertragen, so sind die übrigen Gesellschafter von der Geschäftsführung [*und dem Widerspruchsrecht nach § 115 I 2. HS*] ausgeschlossen. [*Im Wege der Notgeschäftsführung kann allerdings auch der ausgeschlossene Gesellschafter allein die Maßnahmen treffen, die notwendig sind, um die Gesellschaft selbst oder zum Gesellschaftsvermögen gehörige Gegenstände zu erhalten, § 744 II BGB analog. Vgl. die Regelung in § 710 S 1 BGB.*]

§ 115 (Innenverhältnis: Einzelgeschäftsführung und Widerspruchsrecht)

(I 1. HS) Steht die Geschäftsführung allen [*vgl. § 114 I*] oder mehreren Gesellschaftern zu, so ist jeder von ihnen allein zu handeln berechtigt [*sog. Grundsatz der Einzelgeschäftsführung*]; (2. HS) widerspricht jedoch [*auch nur*] ein anderer geschäftsführender Gesellschafter [*rechtzeitig, also grds. bevor die umstrittene Maßnahme durchgeführt wird*] der Vornahme einer Handlung, so muß diese [*um eine*

Schadensersatzpflicht wegen Verletzung der Geschäftsführungspflicht zu vermeiden] unterbleiben. [*Zu der Beseitigung der Maßnahme ist er nur in Ausnahmefällen verpflichtet. Da die Vertretungsmacht von der Geschäftsführungsbefugnis unabhängig ist, wird die Vertretungsmacht der Gesellschafter durch einen rechtzeitigen Widerspruch nicht eingeschränkt, so daß gleichwohl mit Dritten in Vertretung der Gesellschaft vorgenommene Rechtsgeschäfte wirksam sind. Dies gilt nicht, soweit es sich um die Begründung vertraglicher Beziehungen mit einem Mitgesellschafter handelt, vgl. BGHZ 38, 32 f. Der Widerspruch ist wirkungslos, wenn es sich um ein Geschäft handelt, das zur Erhaltung eines zum Gesellschaftsvermögen gehörigen Gegenstandes oder der Gesellschaft selbst notwendig ist, § 744 II BGB analog, und stets schon dann, wenn er »pflichtwidrig« ist, weil er gegen die Interessen der Gesellschaft verstößt und deshalb sachlich ungerechtfertigt ist. Das Verhalten des Geschäftsführers, der trotz Widerspruch der anderen handelt, kann ein »wichtiger Grund« iSd §§ 117, 133, 140 sein.*]

(II) Ist »im Gesellschaftsvertrage« bestimmt, daß die Gesellschafter, denen die Geschäftsführung zusteht, nur zusammen handeln können [*Gesamtgeschäftsführungsbefugnis mit dem Umfang des § 116*], so bedarf es für jedes Geschäft der Zustimmung [*§§ 182 ff BGB*] aller geschäftsführenden Gesellschafter, es sei denn, daß Gefahr im Verzug ist [*oder die Maßnahme zur Erhaltung des Gesellschaftsvermögens erforderlich ist, § 744 II BGB analog. Hier darf der einzelne Gesellschafter allein die erforderlichen Maßnahmen treffen. § 744 II BGB analog verleiht aber keine Vertretungsmacht*].

§ 116 (Innenverhältnis: Umfang der Geschäftsführungsbefugnis)

(I) Die Befugnis [*der nach § 114, 115 geschäftsführungsbefugten Gesellschafter*] zur Geschäftsführung erstreckt sich auf alle [*nach Umfang, Risiko, Bedeutung etc. häufiger vorkommenden*] Handlungen, die [*nach Lage des Einzelfalles*] der »gewöhnliche Betrieb« [*unter Beachtung der besonderen Verhältnisse*] des Handelsgewerbes der [*fraglichen*] Gesellschaft mit sich bringt [*sog. gewöhnliche Geschäfte, z. B. Kündigung von Angestellten, nicht aber die Veräußerung von Grundstücken, vgl. Abs. II. Überschreitet der geschäftsführende Gesellschafter seine Befugnis, so haftet er der Gesellschaft aus pVV und § 678 BGB auf Schadensersatz. Zur Frage, ob der Haftungsmaßstab des § 708 BGB gilt, vgl. Anm. zu § 711 BGB. Die Geschäftsführungsbefugnis schließt nicht mehr die Kompetenz zu sog. Grundlagengeschäften wie z. B. Aufnahme von Gesellschaftern, Auflösung der Gesellschaft etc. ein. Hierzu ist ein einstimmiger Beschluß der Gesellschafter nötig. Die interne Bindung gemäß § 116 I hat keine Außenwirkung für die Vertretungsmacht, es sei denn die Gesellschaft kontrahiert mit einem Mitgesellschafter*].

(II) Zur Vornahme von Handlungen [*also alle außergewöhnlichen Geschäfte*], die darüber [*Abs. I: den gewöhnlichen Betrieb des Handelsgewerbes der fraglichen Gesellschaft*] hinausgehen, ist ein Beschluß sämtlicher Gesellschafter [*vgl. § 119*] erforderlich [*wenn es sich nicht um Maßnahmen handelt, die im Wege der sog. Notgeschäftsführung nach § 744 II BGB analog getroffen werden. Diese Maßnahme kann jeder Gesellschafter allein durchführen. Rechtsfolgen bei Überschreiten der Geschäftsführungsbefugnis: vgl. Anm. zu Abs. I.*].

(III[1]) Zur Bestellung [*nicht den Widerruf, S 2*] eines Prokuristen [*vgl. §§ 48, 6*] bedarf es [*im Innenverhältnis*] der Zustimmung aller geschäftsführenden Gesellschafter [*nicht der anderen*], es sei denn, daß Gefahr im Verzug ist. [*Dann ist jeder Gesellschafter allein zur Erteilung berechtigt. Befugnisse der Gesellschafter im Außenverhältnis: § 126 II 1. HS.*] (²) Der Widerruf der Prokura [*vgl. § 52*] kann von jedem der zur Erteilung oder [*bei Gesamtgeschäftsführungsbefugnis*] zur Mitwirkung bei der Erteilung befugten [*geschäftsführungsbefugten*] Gesellschafter [*allein*] erfolgen. [*Vgl. bzgl. der Vertretungsmacht: § 126 II 1. HS.*]

§ 117 (Entzug des Geschäftsführungsrechts)

Die [*gesellschaftsvertraglich übertragene und – im Gegensatz zur BGB-Gesellschaft, § 712 I BGB – auch die gesetzliche Einzel*]Befugnis zur Geschäftsführung [*aus §§ 114 I, 115 I, 116 I*] kann einem Gesellschafter auf Antrag [*Klage*] der übrigen [*u. U. nach § 114 II ausgeschlossenen, mit Ausnahme des Betroffenen*] Gesellschafter [*als notwendige Streitgenossen iSd § 62 ZPO*] durch gerichtliche Entscheidung [*Gestaltungsurteil, nicht nur vollständig*] entzogen [*sondern abweichend von § 712 I BGB auch beschränkt*] werden, wenn ein wichtiger Grund vorliegt [*z. B. weil er durch längere Krankheit abwesend ist*]; ein solcher Grund ist [*zum Beispiel*] insbesondere grobe Pflichtverletzung [*z. B. Geschäftsführungsmaßnahmen trotz Widerspruch iSd § 115 I 2. HS oder nicht von der Geschäftsführungsbefugnis gedeckte außergewöhnliche Geschäfte iSd § 116 II*] oder Unfähigkeit zur ordnungsmäßigen Geschäftsführung. [*Rechtsfolgen der Entziehung: kein Verlust der Vertretungsmacht, vgl. § 127. Bei Entziehung der Geschäftsführungsbefugnis des einzig geschäftsführungsbefugten Gesellschafters, vgl. § 114 II, tritt Gesamtgeschäftsführungsbefugnis aller, nicht gesetzliche Einzelgeschäftsführung, § 114 I, 115 I, 116 I, ein, BGHZ 51, 198. Die Kündigung der vertraglich übernommenen Geschäftsführungspflicht, vgl. § 114 II, ist nach Maßgabe der § 712 II BGB, § 105 II, möglich. Im Gegensatz zur BGB-Gesellschaft kann auch die gesetzliche Geschäftsführungsbefugnis, §§ 114 I, 115 I, 116 I bzw. § 164, aus wichtigem Grund aufgekündigt werden. § 117 ist zwingendes Recht.*]

§ 118 (Kontrollrecht der Gesellschafter)

(I) Ein Gesellschafter [*Komplementär der OHG, KG. Kommanditist: § 166*] kann [*das Kontrollrecht des § 118 ist Ausfluß der Mitgliedschaft; der Informationsanspruch des ausgeschiedenen Gesellschafters folgt daher aus § 242 BGB. Zur Auskunftspflicht des Geschäftsführers: §§ 713, 666 BGB, § 105 II*], auch wenn er [*gemäß §§ 114 II, 117*] von der Geschäftsführung ausgeschlossen ist [*das Informationsrecht ist jedoch durch Gesellschaftsvertrag in den Grenzen des Abs. II abwandelbar*], sich [*aufgrund im Klageweg erzwingbaren Anspruchs, §§ 260, 261 BGB, gegen die Gesellschaft*] von den Angelegenheiten der Gesellschaft persönlich [*zulässig: die Zuziehung eines Sachverständigen; unzulässig: die Bevollmächtigung, die praktisch Alleinausübung bewirkt*] unterrichten [*und dazu die Geschäftsräume betreten und Anlagen besichtigen*], die Handelsbücher und die Papiere [*z. B. Akteninhalt*] der Gesellschaft einsehen und sich aus ihnen eine Bilanz anfertigen.

(II) Eine dieses [*Kontroll-*]Recht ausschließende oder beschränkende Vereinbarung [*kann im Gesellschaftsvertrag in den Grenzen des § 138 BGB erfolgen. Sie*] steht *[aber]* der Geltendmachung des Rechtes nicht entgegen, wenn Grund zu der Annahme unredlicher Geschäftsführung besteht.

§ 119 (Gesellschafterbeschlüsse)

(I) Für die von den *[OHG-, KG- und BGB-]*Gesellschaftern *[gemäß der §§ 113 II, 115 II, 116 II, III, 117, 127, 131 Nr. 2, 140, 141, 146 I, 147, 152, 157 II 2 und §§ 709, 710 S 2, 712, 715, 737 BGB]* zu fassenden Beschlüsse *[die außerdem noch in zwei Fällen vorkommen: 1. zwingend erforderlich bei Änderungen des Gesellschaftsvertrages, z. B. durch Aufnahme eines Gesellschafters; 2. möglich in allen Gesellschaftsangelegenheiten]* bedarf es *[wenn nicht das Mehrheitsprinzip die kraft Vereinbarung geltende Regelung ist, Abs. II]* der Zustimmung *[formlos entspr. § 182 I 1 BGB. Unwirksam und anfechtbar wegen der in §§ 116–123 BGB geregelten Willensmängel. Eine fehlerhafte Erklärung macht den ganzen Beschluß nichtig, wenn das Abstimmungsergebnis beeinflußt wird]* aller *[d. h. es kann grds. nur einstimmig beschlossen werden]* zur Mitwirkung bei der Beschlußfassung berufenen Gesellschafter. *[Unzulässig ist die Mitwirkung bei Kollision mit der eigenen Interessensphäre oder Ausschluß des Stimmrechts kraft einer entsprechenden Regelung im Gesellschaftsvertrag. Die Ausübung des Stimmrechts kann vertretungsweise übertragen werden, wenn der Gesellschaftsvertrag dies vorsieht. § 181 BGB verhindert nicht eine gegenseitige Bevollmächtigung. Ein klagbarer Anspruch auf Zustimmung besteht nicht; die beharrliche Verweigerung der Mitwirkung bei der Geschäftsführung kann als grober Treubruch unbeachtlich sein.]*

(II) Hat nach dem Gesellschaftsvertrage die Mehrheit der Stimmen *[z. B. bei der Beschlußfassung über die Entlastung des Geschäftsführers und bei Vertragsänderungen wie Ein- und Austritt, Ausschließung eines Gesellschafters, Beitragserhöhung, Fortsetzung der Liquidationsgesellschaft]* zu entscheiden, so ist die Mehrheit im Zweifel *[da eine solche Klausel zum Schutze der Minderheit einschränkend ausgelegt werden muß]* nach der Zahl *[d. h. jeder Gesellschafter hat eine Stimme]* der Gesellschafter zu berechnen. *[Vgl. zur Gleichberechtigung der BGB-Gesellschafter: § 709 II BGB.]*

§ 120 (Gewinn- und Verlustermittlung)

(I) *[Die Gesellschafter können die Gewinn- und Verlustbeteiligung vertraglich regeln. Hilfsweise gelten die §§ 120–122. Sie sind im gesetzlichen Leitbild der OHG verwurzelt, bei dem die Gesellschafter zur Mitarbeit verpflichtet sind. Da für erbrachte Dienstleistungen nur bei eindeutiger schuldrechtlicher Abrede, Dienstvertrag, Entgelt verlangt werden kann, müssen sie durch ein Entnahmerecht, § 122, berücksichtigt werden.]* Am Schlusse jedes Geschäftsjahrs wird *[falls der Gesellschaftsvertrag den Zeitpunkt nicht abweichend bestimmt]* auf Grund der Bilanz *[die aufzustellen die OHG nach den §§ 6 I, 39, 41 S 2 verpflichtet ist]* der Gewinn oder der Verlust des Jahres ermittelt und für jeden Gesellschafter *[beachte für Kommanditisten: § 167 I]* sein Anteil daran *[nach den in § 121 geschaffenen Rechnungsgrößen]* berechnet. *[Wirkungen: Anrechnung dergestalt, daß 1. zunächst Gewinn bzw. Verlust dem Kapitalkonto des Gesellschafters zu- bzw. abgeschrieben wird, Abs. II; 2. verbleibt ein Gewinn zugunsten eines Komplementärs, so regelt § 122 Entstehung und Inhalt des Anspruchs auf Gewinnauszahlung.*]

(II) Der einem Gesellschafter [*nach § 121 Abs. I–III*] zukommende Gewinn wird dem Kapitalanteile des Gesellschafters [*der nur eine Bruchteilszahl für seinen Anteil am Gesellschaftsvermögen im Verhältnis zu den Mitgesellschaftern, nicht eine rechtlich selbständige neue Vermögensmasse ist*] zugeschrieben [*der sich dadurch vergrößern kann. Beachte für Kommanditisten: § 167 II*]; der auf einen Gesellschafter [*nach § 121 III 2. HS*] entfallende Verlust [*Kommanditist: §§ 167 III, 168 II*] sowie das während des Geschäftsjahrs auf den Kapitalanteil entnommene Geld wird davon abgeschrieben. [*Trotz evt. Minussaldos entsteht aber keine Ausgleichsforderung, § 707 BGB, § 105 II.*]

§ 121 (Gewinn- und Verlustverteilung)

(I[1]) Von dem [*in der Bilanz, § 120 I, ermittelten*] Jahresgewinne gebührt [*falls der Gesellschaftsvertrag keine andere Größe für die Ermittlung der Gewinnquote vorgesehen hat*] jedem Gesellschafter [*KG: § 168 II*] zunächst [*Verfügbarkeit: § 122 I 1. Alt*] ein Anteil in Höhe [*von 4%*] von vier vom Hundert seines Kapitalanteils [*der übersteigende Jahresgewinn wird nur nach Köpfen, Abs. III, berechnet*]. ([2]) Reicht der Jahresgewinn hierzu nicht aus, so bestimmen sich die Anteile nach einem entsprechend niedrigeren Satze.

(II[1]) Bei der Berechnung des nach Absatz 1 einem Gesellschafter zukommenden Gewinnanteils werden Leistungen, die der Gesellschafter im Laufe des Geschäftsjahrs als Einlage gemacht hat, nach dem Verhältnisse der seit der Leistung abgelaufenen Zeit berücksichtigt. ([2]) Hat der Gesellschafter im Laufe des Geschäftsjahrs Geld auf seinen Kapitalanteil entnommen, so werden die entnommenen Beträge nach dem Verhältnisse der bis zur Entnahme abgelaufenen Zeit berücksichtigt.

(III) Derjenige Teil des Jahresgewinns, welcher die nach den Absätzen 1 und 2 zu berechnenden Gewinnanteile übersteigt [*Datum: 4%*], sowie der Verlust eines Geschäftsjahrs [*der nur vom Kapitalkonto abzuziehen ist, § 120 II*] wird unter die Gesellschafter nach Köpfen [*d. h. zugunsten gleicher Anteile der Gesellschafter*] verteilt [*KG: § 168 II*].

§ 122 (Anspruch auf Gewinnentnahmen)

(I) [*1. Alt*] Jeder Gesellschafter [*bzw. Komplementär der KG: § 169 I 1*] ist [*falls für die erbrachte Mitarbeit in der OHG nicht aus einem vereinbarten Dienstvertrag Entgelt verlangt werden kann*] berechtigt [*unabhängig von der tatsächlichen wirtschaftlichen Lage der OHG, siehe: 2. Alt*], aus der Gesellschaftskasse Geld bis zum Betrage von [*4%*] vier vom Hundert seines für das letzte Geschäftsjahr [*nach dem gesetzlichen Leitbild des § 120 II*] festgestellten Kapitalanteils zu seinen Lasten [*während des laufenden Geschäftsjahres*] zu erheben [*sog. Entnahmerecht, das nur eine schuldrechtliche Forderung gegen die Gesellschaft, aber kein eigenständiges Einziehungsrecht gibt, da dies eine Vertretungsmaßnahme ist, vgl. § 111*] und, [*2. Alt, falls die wirtschaftliche Situation der verpflichteten OHG den Bestand des Anspruchs nicht in Frage stellt, d. h.*] soweit es nicht zum offenbaren Schaden der Gesellschaft [*Betriebsvermögen*] gereicht, auch die Auszahlung seines den bezeichneten Betrag [*von 4%*] übersteigenden Anteils am Gewinne des letzten Jahres [*§ 121 III*] zu verlangen.

(II) Im übrigen ist ein Gesellschafter nicht befugt, ohne Einwilligung der anderen Gesellschafter seinen Kapitalanteil zu vermindern.

Dritter Titel
Rechtsverhältnis der Gesellschafter zu Dritten

[§§ 123–130]

§ 123 (Wirksamwerden der gegründeten OHG auch gegenüber Dritten)

(I) Die Wirksamkeit der offenen Handelsgesellschaft [*und KG, § 161 II, vgl. § 176 II*] tritt im Verhältnisse zu Dritten [*als Voraussetzung für das Vorliegen einer Gesellschaftsverbindlichkeit, § 124 I, und der Haftung der Gesellschafter aus §§ 128–130*] mit dem Zeitpunkt ein, in welchem die Gesellschaft [*ein unter §§ 2, 3 fallendes Gewerbe betreibt, vgl. Abs. II*] in das Handelsregister [*konstitutiv*] eingetragen wird. [*Vorher besteht eine BGB-Gesellschaft nach §§ 705ff BGB, in der die Gesellschafter als Gesamtschuldner nach §§ 714, 427, 421 BGB haften. Bei fälschlichen Auftreten einer BGB-Gesellschaft als OHG kommt eine Rechtsscheinhaftung nach § 128 in Betracht.*]

(II) Beginnt die Gesellschaft [*OHG und KG*] ihre Geschäfte [*die ein Grundhandelsgewerbe iSd § 1 II zum Gegenstand haben*] schon vor der Eintragung [*Abs. I*], so tritt die Wirksamkeit [*§§ 124–130*] mit dem Zeitpunkte des Geschäftsbeginns [*im weitesten Sinne*] ein, soweit nicht aus § 2 [*und § 3*] sich ein anderes ergibt [*vgl. Abs. I*].

(III) Eine Vereinbarung, daß die Gesellschaft erst mit einem späteren [*bei Abs. I nach der Registereintragung und im Falle des Abs. II nach dem Geschäftsbeginn liegenden*] Zeitpunkt ihren Anfang [*iSd §§ 124–130*] nehmen soll, ist Dritten gegenüber unwirksam.

§ 124 (Weitgehende rechtliche Verselbständigung der OHG und KG)

(I) Die [*gemäß § 123 nach außen wirksame*] offene Handelsgesellschaft [*sowie die KG, § 161 II, ist zwar keine juristische Person*] kann [*aber als nichtrechtsfähige Gesamthandsgemeinschaft der Gesellschafter nach außen*] unter ihrer Firma [*§ 19, kraft Gesetzes als Erbe oder durch Rechtsgeschäft*] Rechte [*aller Art, ins. Eigentum und Besitz an Sachen*] erwerben [*durch echte Rechtsübertragung, §§ 398, 929 etc. BGB, von dem Rechtsträger auf die OHG, vorausgesetzt, daß die Gesellschaft wirksam vertreten war*] und Verbindlichkeiten [*sog. Gesellschaftsschulden, für die neben der OHG und KG die einzelnen Gesellschafter gemäß der §§ 128–130, 171, 173, 176 persönlich haften*] eingehen [*durch namens der Gesellschaft mit Dritten abgeschlossenen Verträgen, vorausgesetzt, daß die Gesellschaft ordnungsgemäß, §§ 125, 126, 170, 161 II, vertreten war; ebenso haftet die OHG und KG auf jeden Fall analog § 31 BGB für vertragliches, hM, und deliktisches Fehlverhalten ihrer Gesellschafter*], Eigentum und andere dingliche Rechte an Grundstücken [*Nießbrauch, persönliche Dienstbarkeiten durch Ein-*

tragung auf den Firmennamen] erwerben [*sie ist also grundbuchfähig, § 15 I b GbVfg. Ihr kann Vollmacht erteilt werden und sie kann Mitglied bei anderen Gesellschaften sein. Sie ist stets Kaufmann, § 6*], [*wirksam im Prozeß vertreten durch die geschäftsführenden, §§ 125, 126, 170, Gesellschafter*] vor Gericht [*unter ihrer Firma selbst*] klagen und verklagt werden [*und ist daher iSd § 50 ZPO parteifähig. Sozialansprüche können die Gesellschafter auch im Wege der actio pro socio im eigenen Namen gerichtlich geltend machen*].

(II) Zur Zwangsvollstreckung in das Gesellschaftsvermögen [*§ 105 II, §§ 718, 719 BGB*] ist [*im Gegensatz zu § 736 BGB*] ein gegen die Gesellschaft [*OHG, KG, § 161 II*] gerichteter vollstreckbarer Schuldtitel [*auf Grund einer Klage gegen die OHG wegen einer Gesellschaftsverbindlichkeit, § 124 I*] erforderlich [*aber nicht ausreichend, um ins Privatvermögen des einzelnen Gesellschafters vollstrecken zu können, § 129 IV. Auch ein gegen alle Gesellschafter gerichteter Titel reicht zur ZwV in das Gesellschaftsvermögen nicht aus. Bei einer Klage, die wegen einer Gesellschaftsschuld, sowohl gegen die Gesellschaft, § 124 I, als auch gegen die Gesellschafter, §§ 128, 171, gerichtet wird, liegt dann eine einfache Streitgenossenschaft iSd § 59 I 1. Alt ZPO vor. Der Übergang vom Gesellschaftsprozeß zum Gesellschafterprozeß ist als gewillkürter Parteiwechsel zu beurteilen und nur zulässig, wenn die Gesellschafter zustimmen. Auf die rechtskräftige Abweisung der Klage gegen die Gesellschaft kann sich auch der Gesellschafter berufen. Eine Verurteilung der Gesellschaft hat dagegen beschränkte Rechtskraftwirkung: sie beläßt nur noch die persönlichen Einwendungen iSd § 129 I. Auch ein Konkurs- oder Vergleichsverfahren, §§ 209 ff KO, §§ 108–111 VerglO, über das Gesellschaftsvermögen einer OHG sowie KG ist im Gegensatz zur BGB-Gesellschaft möglich. Vgl. § 131 Ziff. 3*].

§ 125 (Berechtigung zur Vertretung der Gesellschaft)

(I) Zur [*organschaftlichen*] Vertretung der Gesellschaft [*der OHG und KG, § 161 II, im Außenverhältnis gegenüber Dritten, d. h. zu Abgabe und Empfang, § 164 I, III BGB, von rechtsgeschäftlichen bindenden Willenserklärungen im Namen der OHG- oder KG-Firma mit Ausnahme von Grundlagengeschäften, vgl. Anm. zu § 709 I BGB*] ist jeder [*persönlich haftende, vgl. §§ 161 II, 170*] Gesellschafter [*allein*] ermächtigt [*gesetzliche Einzelvertretungsmacht jedes Gesellschafters*], wenn [*der Gesellschaftsvertrag keine besondere Regelung der Vertretungsmacht enthält, z. B. echte, Abs. II, oder unechte, Abs. III, Gesamtvertretung anordnet oder*] er nicht durch den Gesellschaftsvertrag von der [*organschaftlichen*] Vertretung ausgeschlossen [*Abs. IV*] ist. [*Dann kann er nur rechtsgeschäftlicher Vertreter, ins. Prokurist werden. Doch muß bei OHG und KG immer eine Vertretung durch einen persönlich haftenden Gesellschafter allein möglich sein, sog. Grundsatz der Selbstorganschaft. Weder können alle persönlich haftenden Gesellschafter von der Vertretung ausgeschlossen werden, noch kann die besondere organschaftliche Vertretungsmacht auf einen Nichtgesellschafter übertragen werden, noch kann die Vertretungsmacht des einzigen persönlich haftenden Gesellschafters durch die Notwendigkeit der Zustimmung eines Prokuristen, Abs. III S 1, oder Kommanditisten beschränkt werden. Rechtsfolge: Gesamtvertretung, Abs. II, aller Gesellschafter.*]

(II[1]) Im Gesellschaftsvertrage kann bestimmt werden [*Abs. IV*], daß alle oder mehrere Gesellschafter nur in Gemeinschaft [*mit Zustimmung, §§ 182ff BGB, der anderen, anderenfalls: §§ 177ff BGB*] zur Vertretung der Gesellschaft [*bei Abgabe von Willenserklärungen, S 3*] ermächtigt [*Umfang: § 126*] sein sollen ([*echte*] Gesamtvertretung). (²) Die zur Gesamtvertretung berechtigten Gesellschafter [*vgl. Abs. III S 2*] können einzelne von ihnen [*ohne daß § 181 BGB einer solchen Ermächtigung entgegenstehen kann*] zur Vornahme bestimmter Geschäfte oder [*generell*] bestimmter Arten von Geschäften ermächtigen [*mit der Folge, daß die organschaftliche Gesamtvertretung durch eine Ermächtigung nach Abs. II S 2 für den darin bestimmten Geschäftskreis zur organschaftlichen Alleinvertretungsmacht des Ermächtigten erstarkt*]. (³) Ist der Gesellschaft gegenüber [*entspr. §§ 130–132 BGB*] eine Willenserklärung abzugeben [*§ 164 III*], so genügt [*Abs. III S 2*] die Abgabe gegenüber einem der zur Mitwirkung bei der Vertretung befugten Gesellschafter [*denn bei der Passivvertretung ist stets jeder Gesellschafter einzelvertretungsberechtigt*].

(III¹) Im Gesellschaftsvertrage kann bestimmt werden [*Abs. IV*], daß die Gesellschafter, wenn nicht mehrere zusammen handeln, nur in Gemeinschaft [*Notwendigkeit der Zustimmung, §§ 182ff BGB*] mit einem Prokuristen [*§ 48, der OHG oder KG*] zur Vertretung der Gesellschaft [*über den Umfang der Prokura, § 49 II, hinaus, hM, nach Maßgabe des § 126 I*] ermächtigt sein sollen. [*Die Vereinbarung ist nichtig, wenn der einzige Komplementär durch unechte Gesamtvertretung beschränkt wird, vgl. Abs. I*]. (²) Die Vorschriften des Absatzes 2 Satz 2 [*besondere Ermächtigung*] und 3 [*Beschränkung auf Aktivvertretung*] finden in diesem Falle entsprechende Anwendung.

(IV) Der Ausschluß eines Gesellschafters von der Vertretung [*Abs. I 2. HS*], die Anordnung einer Gesamtvertretung [*Abs. II*] oder eine gemäß Absatz 3 Satz 1 getroffene Bestimmung [*der unechten Gesamtvertretung*] sowie jede Änderung in der Vertretungsmacht eines Gesellschafters [*vgl. § 127*] ist [*als eintragungspflichtige Tatsache iSd § 15 I*] von sämtlichen Gesellschaftern zur Eintragung in das Handelsregister anzumelden [*und können gutgläubigen Dritten nur entgegengehalten werden, wenn sie in das Handelsregister eingetragen und bekannt gemacht worden sind. Sonst bleibt es bei der gesetzlichen Einzelvertretungsmacht nach Absatz I*].

§ 126 (Der Umfang der Vertretungsmacht eines Gesellschafters)

(I) Die [*Dritten gegenüber, Abs. II, unbeschränkbare*] Vertretungsmacht [*eines nach § 125 zur Vertretung der Gesellschaft befugten*] der Gesellschafter [*Komplementärs, §§ 161 II, 170*] erstreckt sich auf alle gerichtlichen und außergerichtlichen Geschäfte und Rechtshandlungen [*ausgenommen sog. Grundlagengeschäfte. Vgl. § 709 BGB m. Anm.*] einschließlich [*über den Umfang der Prokura, § 49 II, hinaus*] der Veräußerung und Belastung von Grundstücken sowie [*unabhängig von den Befugnissen im Innenverhältnis, § 116 III, einschließlich*] der Erteilung [*§ 48*] und des Widerrufs [*§ 52*] einer Prokura [*vgl. §§ 48, 6*].

(II) Eine Beschränkung des Umfanges [*Abs. I*] der Vertretungsmacht ist [*abgesehen von Filialgeschäften, Abs. III, außenstehenden*] Dritten [*nicht aber bei Rechtshandlungen gegenüber Mitgesellschaftern*] gegenüber unwirksam [*und kann nicht dazu führen, daß das Rechtsgeschäft die Gesellschaft mangels Vertretungsmacht, § 177 BGB, nicht verpflichtet*]; dies gilt [*im Interesse des Rechtsverkehrs, dem jede*

Nachprüfung über interne Beschränkungen erspart sein soll] insbesondere von der [*nach außen nicht sichtbaren gesellschaftsvertraglichen*] Beschränkung, daß sich die Vertretung[*smacht*] nur auf gewisse Geschäfte oder Arten von Geschäften erstrekken oder daß sie nur unter gewissen Umständen oder für eine gewisse Zeit oder an einzelnen Orten [*abgesehen von Filialen, Abs. III*] stattfinden soll. [*Eine Ausnahme von § 126 II wird anerkannt, wenn Gesellschafter und Dritter vorsätzlich zum Schaden der Gesellschaft zusammenwirken, sog. Kollusion: §§ 138, 826 BGB. Auch bei Mißbrauch der Vertretungsmacht ist das Geschäft abweichend von § 126 II schwebend unwirksam, § 177 BGB. Dies ist nicht nur der Fall, wenn der Dritte das bewußte Handeln zum Nachteil der Gesellschaft erkannt hatte, sondern auch dann, wenn er es bloß fahrlässig, str., nicht erkannt hat. § 126 II gilt ferner nicht bei Rechtshandlungen gegenüber Mitgesellschaftern. Hier kann die Vertretungsmacht beliebig innergesellschaftlich beschränkt werden. Regelmäßig bestimmt – entsprechend dem Grundsatz des § 714 BGB – die interne Geschäftsführungsbefugnis, §§ 114 ff, den Umfang der Vertretungsmacht. Beachte ins. §§ 115 I 2. HS, 116 II, 119.*]

(III) In betreff der Beschränkung auf den Betrieb einer von mehreren Niederlassungen der Gesellschaft finden die Vorschriften des § 50 Abs. 3 entsprechende Anwendung.

§ 127 (Entziehung der Vertretungsmacht)

Die [*organschaftliche*] Vertretungsmacht [*gemäß §§ 125, 126, 161 II*] kann einem [*OHG-, KG-*]Gesellschafter auf Antrag der übrigen Gesellschafter [*die auch konkurrierend den Entzug der Geschäftsführungsbefugnis, § 117, außer der Vertretungsmacht beantragen können*] durch gerichtliche Entscheidung entzogen [*oder durch die Anordnung von Gesamtvertretung, § 125 II, III, beschränkt*] werden, wenn ein wichtiger Grund [*erheblicher Interessengegensatz; Gefährdung der Gesellschaftsinteressen; auch Krankheit oder Abwesenheit*] vorliegt; ein solcher Grund ist [*beispielsweise*] insbesondere grobe Pflichtverletzung [*wie Mißbrauch der Vertretungsmacht oder Wettbewerbsverstoß nach § 112*] oder Unfähigkeit zur ordnungsgemäßen Vertretung der Gesellschaft [*d. h., wenn er objektiv seinen Aufgaben nicht gewachsen ist; Verschulden ist nicht gefordert. Folgen: 1. Entziehung mit Rechtskraft des Gestaltungsurteils; 2. Gemeinschaftliche Vertretung durch alle Gesellschafter, soweit der Beklagte der einzig vertretungsberechtigte Gesellschafter war; 3. Wirkung gegenüber Dritten nur bei Eintragung ins Handelsregister, § 125 IV iVm § 15 I*].

§ 128 (Die unbeschränkte persönliche Haftung der Gesellschafter)

(1) Die Gesellschafter [*der später eingetretene Gesellschafter, § 130, der persönlich haftende Komplementär einer KG, §§ 161 II, 128 S 1, der gemäß § 176 I 1, II unbeschränkt haftende Kommanditist, das Mitglied einer Schein-OHG kraft veranlaßten Rechtsscheins, der ausgeschiedene Gesellschafter, vgl. § 159, auch der noch nicht im Handelsregister eingetragene Kommanditist, § 176*] haften für die [*während ihrer Mitgliedschaft rechtsgeschäftlich oder kraft Gesetzes entstandenen*] Verbindlichkeiten der Gesellschaft [*§ 124 I, auch der Liquidationsgesellschaft, § 156, ausgenommen Sozialverpflichtungen, ins. aus § 110, im Bestand sowie im Umfang rechtlich abhängig von*

der Gesellschaftsschuld, § 129] den Gläubigern als Gesamtschuldner [*nach §§ 421–426 BGB nicht nur anteilig, sondern jeder auf vollständige Erfüllung der gleichen Leistung, die die Gesellschaft erbringen soll, und zwar primär, d. h. ohne vorherige erfolglose Inanspruchnahme der Gesellschaft, sowie*] persönlich [*d. h., er haftet wie jeder Schuldner bei Aktualisierung der Haftung im Wege der ZwV nicht nur mit seinem Anteil am Gesellschaftsvermögen, sondern mit seinem gesamten Privatvermögen. Bei Befriedigung des Gläubigers durch einen haftenden Gesellschafter geht die Gesellschaftsverbindlichkeit nicht auf den Gesellschafter als Regreßforderung über; § 426 II, I 1 BGB ist unanwendbar, weil Gesellschafter und Gesellschaft keine Gesamtschuldner sind. Die analoge Anwendung des § 426 II BGB im Verhältnis zwischen ausgeschiedenem, aber noch haftendem Gesellschafter und der OHG, KG ist strittig. Der BGHZ 39, 319 nimmt eine cessio legis an. Vgl. § 159 m. Anm. Der Rückgriffsanspruch des leistenden Gesellschafters gegen die Gesellschaft ergibt sich aus § 110. Die Regreßmöglichkeit läßt sich aber nicht aus G. o. A. oder Leistungskondiktion, str., herleiten. Unabhängig hiervon hat er auch einen Rückgriffsanspruch gegen seine Mitgesellschafter. Meist ist es die gesetzliche Ausgleichspflicht nach § 426 I 1 BGB und die übergegangene Gesellschaftsforderung, §§ 426 II, 412 BGB. Der Regreß findet allerdings nicht in voller Höhe statt, sondern nur in Höhe ihrer Verlustquote, § 121 III. Den Regreßanspruch gegen die Gesellschafter kann er nur subsidiär geltendmachen, wenn er von der Gesellschaft keine Befriedigung erlangen kann. Der Rückgriff aus § 128 S 1 kommt nicht in Betracht, weil diese Vorschrift auf die Gesellschaftshaftung aus Sozialverpflichtungen ausnahmslos nicht anwendbar ist*]. ([2]) Eine [*S 1*] entgegenstehende [*interne*] Vereinbarung [*durch den Gesellschaftsvertrag*] ist Dritten gegenüber unwirksam [*jedoch können die Gläubiger die persönliche Haftung der Gesellschafter, §§ 128, 171, jederzeit erlassen*].

§ 129 (Verteidigungsmöglichkeiten der Gesellschafter)

(I) Wird ein Gesellschafter wegen einer Verbindlichkeit der Gesellschaft [*auch der Liquidationsgesellschaft, § 156, nach §§ 128, S 1, 171 I, 161 II*] in Anspruch genommen, so kann er Einwendungen [*z. B. Rechtsmißbrauch, § 242 BGB, und Einreden, z. B. §§ 222, 273, 320, 478, 821, 853 BGB etc.*], die nicht in [*dem Verhältnis zwischen*] seiner Person [*und dem Gesellschaftsgläubiger*] begründet sind [*z. B. Stundung oder Erlaß der Forderung gegen ihn*], [*sondern, die der Gesellschaft zustehen, allerdings*] nur insoweit geltend machen, als sie [*z. B. mangels Fristablauf, §§ 121, 124 BGB, oder Verzicht, § 144 BGB, oder Verwirkung, § 242 BGB*] von der Gesellschaft [*noch*] erhoben werden können. [*Strittig ist, ob wegen § 129 I eine Rechtskrafterstrekkung des gegen die Gesellschaft erstrittenen Urteils auf den mithaftenden Gesellschafter eintritt. Vgl. § 124 II.*]

(II) [*Einrede der Anfechtbarkeit*] Der Gesellschafter kann die Befriedigung des Gläubigers [*nach § 128*] verweigern, solange [*also nicht mehr bei Fristversäumung, §§ 121, 124 BGB, Verzicht, § 144 BGB, oder Präklusion nach § 767 II ZPO*] der Gesellschaft das Recht zusteht, das ihrer Verbindlichkeit [*§ 124 I*] zugrunde liegende Rechtsgeschäft [*z. B. Kaufvertrag*] anzufechten [*§§ 119, 120, 123 BGB*].

(III) Die gleiche Befugnis [*Abs. II*] hat der Gesellschafter, solange sich der Gläubiger [*oder nur die OHG bei §§ 393, 394 BGB, hM*] durch Aufrechnung gegen eine [*abweichend von § 387 BGB nicht nur erfüllbare, sondern schon*] fällige Forderung der Gesellschaft befriedigen kann.

(IV) Aus einem gegen die Gesellschaft gerichteten vollstreckbaren Schuldtitel [*vgl. § 124 II*] findet die Zwangsvollstreckung [*wegen der Ansprüche aus § 128*] gegen die Gesellschafter [*in ihr Privatvermögen*] nicht statt. [*Der Gesellschaftsgläubiger braucht dafür einen neuen Titel gegen die Gesellschafter.*]

§ 130 (Unbeschränkbare Haftung des eintretenden Gesellschafters)

(I) Wer [*als persönlich haftender Gesellschafter, vgl. §§ 161 II, 173*] in eine bestehende Gesellschaft [*OHG, KG, § 161 II*] eintritt [*durch Aufnahmevertrag, § 705 BGB, oder einen im Zweifel einstimmigen Aufnahmebeschluß, § 119 I*], haftet [*zwingend, Abs. II*] gleich den anderen Gesellschaftern nach Maßgabe der §§ 128 [*für bestehende und künftige Gesellschaftsverbindlichkeiten als Gesamtschuldner persönlich*] und [*kann zu seinem Schutz die Leistung nach Maßgabe des*] 129 [*verweigern, d. h. er kann sämtliche in seiner Person begründeten Einwendungen und sämtliche Einwendungen, die der Gesellschaft zustehen, geltend machen, haftet jedoch im Interesse der Rechtssicherheit auch*] für die vor seinem Eintritte begründeten Verbindlichkeiten der Gesellschaft [*§§ 124 I, 161 II*], ohne Unterschied, ob die Firma [*§ 19*] eine Änderung erleidet oder nicht. [*Zum Regreßanspruch gemäß § 110 I: Anm. § 128. Haftung des eintretenden Kommanditisten: § 173.*]

(II) Eine entgegenstehende Vereinbarung [*daß der in eine Handelsgesellschaft eintretende Komplementär nicht für die schon vor seinem Eintritt begründeten Verbindlichkeiten unbeschränkt persönlich hafte, wirkt nur im Innenverhältnis*] ist [*aber abweichend von der gesetzgeberischen Wertung zugunsten eines in eine Einzelfirma eintretenden Kaufmannes, § 28 II*] Dritten gegenüber [*selbst bei Registereintrag*] unwirksam.

§ 130a (Zahlungsunfähigkeit oder Überschuldung der Gesellschaft)

(I[1]) Wird eine Gesellschaft, bei der kein Gesellschafter eine natürliche Person ist, zahlungsunfähig oder deckt das Vermögen der Gesellschaft nicht mehr die Schulden, so ist die Eröffnung des Konkursverfahrens oder des gerichtlichen Vergleichsverfahrens zu beantragen. ([2]) Antragspflichtig sind die organschaftlichen Vertreter der zur Vertretung der Gesellschaft ermächtigten Gesellschafter und die Liquidatoren. ([3]) Der Antrag ist ohne schuldhaftes Zögern, spätestens aber drei Wochen nach Eintritt der Zahlungsunfähigkeit oder der Überschuldung der Gesellschaft zu stellen. ([4]) Der Antrag ist nicht schuldhaft verzögert, wenn die Antragspflichtigen die Eröffnung des gerichtlichen Vergleichsverfahrens mit der Sorgfalt eines ordentlichen und gewissenhaften Geschäftsleiters betreiben.

(II[1]) Nachdem die Zahlungsunfähigkeit der Gesellschaft eingetreten ist oder sich ihre Überschuldung ergeben hat, dürfen die organschaftlichen Vertreter der zur Vertretung der Gesellschaft ermächtigten Gesellschafter und die Liquidatoren für die Gesellschaft keine Zahlungen leisten. ([2]) Dies gilt nicht von Zahlungen, die auch nach diesem Zeitpunkt mit der Sorgfalt eines ordentlichen und gewissenhaften Geschäftsleiters vereinbar sind.

(III[1]) Wird entgegen Absatz 1 die Eröffnung des Konkursverfahrens oder des gerichtlichen Vergleichsverfahrens nicht oder nicht rechtzeitig beantragt oder werden entgegen Absatz 2 Zahlungen geleistet, nachdem die Zahlungsunfähigkeit der Gesellschaft eingetreten ist oder sich ihre Überschuldung ergeben hat, so sind die organschaftlichen Vertreter der zur Vertretung der Gesellschaft ermächtigten Gesellschafter und die Liquidatoren der Gesellschaft gegenüber zum Ersatz des daraus entstehenden Schadens als Gesamtschuldner verpflichtet. ([2]) Ist dabei streitig, ob sie die Sorgfalt eines ordentlichen und gewissenhaften Geschäftsleiters angewandt haben, so trifft sie die Beweislast. ([3]) Die Ersatzpflicht kann durch Vereinbarung mit den Gesellschaftern weder eingeschränkt noch ausgeschlossen werden. ([4]) Soweit der Ersatz zur Befriedigung der Gläubiger der Gesellschaft erforderlich ist, wird die Ersatzpflicht weder durch einen Verzicht oder Vergleich der Gesellschaft noch dadurch aufgehoben, daß die Handlung auf einem Beschluß der Gesellschafter beruht. ([5]) Ein Zwangsvergleich oder ein im Vergleichsverfahren geschlossener Vergleich wirkt für und gegen die Forderung der Gesellschaft. ([6]) Die Ansprüche aus diesen Vorschriften verjähren in fünf Jahren.

(IV) Diese Vorschriften gelten sinngemäß, wenn die in den Absätzen 1 bis 3 genannten organschaftlichen Vertreter ihrerseits Gesellschaften sind, bei denen kein Gesellschafter eine natürliche Person ist, oder sich die Verbindung von Gesellschaften in dieser Art fortsetzt.

§ 130b (Strafvorschriften)

(I) Mit Freiheitsstrafe bis zu drei Jahren oder mit Geldstrafe wird bestraft, wer es entgegen § 130a Abs. 1 oder 4 unterläßt, als organschaftlicher Vertreter oder Liquidator bei Zahlungsunfähigkeit oder Überschuldung der Gesellschaft die Eröffnung des Konkursverfahrens oder des gerichtlichen Vergleichsverfahrens zu beantragen.

(II) Handelt der Täter fahrlässig, so ist die Strafe Freiheitsstrafe bis zu einem Jahr oder Geldstrafe.

Vierter Titel
Auflösung
[§§ 131–137]
der Gesellschaft
[OHG und KG, § 161 II]
und Ausscheiden
[§§ 138–144]
von Gesellschaftern

§ 131 (Auflösungsgründe)

Die offene Handelsgesellschaft [*und die KG, §§ 161 II, 177*] wird aufgelöst [*aber noch nicht beendet. Die Gesellschaft hat sich unter Wahrung ihrer Identität in eine Li-*

quidationsgesellschaft umgewandelt, auf welche die §§ 145ff Anwendung finden. Bis zur Beendigung der Liquidation gilt die Gesellschaft als fortbestehend, § 156. Während der Liquidation kann die Auflösung rückgängig gemacht und die werbende Gesellschaft fortgesetzt werden. Die Auflösung ist in das Handelsregister einzutragen und bekannt zu machen, §§ 143 I, III, 15 I. Die Liquidation erfolgt durch besondere Liquidatoren, §§ 146–148, die nach § 150 I nur gemeinsam handeln können. Der Gesellschaftsvertrag kann die Auflösungsgründe im einzelnen bezeichnen. Fehlt es an einer solchen vertraglichen Regelung, gelten folgende erschöpfend geregelten gesetzlichen Auflösungsgründe]:

1. durch den Ablauf der Zeit [*Endtermin*], für welche sie [*die befristete Gesellschaft*] eingegangen ist;
2. durch [*Auflösungs-*]Beschluß [*§ 119*] der Gesellschafter [*mangels vertraglicher Regelung ist Einstimmigkeit nötig*];
3. durch die Eröffnung des Konkurses über das Vermögen der Gesellschaft [*vgl. §§ 209ff KO; sie wirkt ohne weiteres. Liquidation, §§ 145ff, findet nur statt, wenn nach Ende des Konkurses noch Vermögen vorhanden ist. Die Gesellschaft kann fortgesetzt werden: § 144*];
4. durch den Tod eines Gesellschafters [*da die Rechtsstellung des Komplementärs im Unterschied zur Mitgliedschaft des Kommanditisten, § 177, ohne Nachfolge-Klausel, § 139, nicht vererblich ist. Die OHG, KG wird zur Liquidationsgesellschaft. Für alle Akte, welche die Liquidatoren betreffen, sind der Erbe oder die Erbengemeinschaft, § 146 I 2, die in die volle Rechtsstellung des verstorbenen Gesellschafters einrücken, zuständig*], sofern nicht aus dem Gesellschaftsvertrage sich ein anderes [*Fortbestehen unter den verbleibenden Gesellschaftern, mit oder ohne Erben*] ergibt [*auf Grund der sog. einfachen Fortsetzungsklausel: Fortsetzung der OHG, KG unter den verbleibenden Gesellschaftern und Ausscheiden des Verstorbenen, § 138. Dem oder den Erben steht ein Abfindungsanspruch, §§ 738 I 2, 1922 BGB, zu. Die OHG, KG wird ebenfalls durch den Tod eines Gesellschafters nicht aufgelöst, wenn der Gesellschaftsvertrag eine Nachfolgeklausel enthält, d. h. die Fortsetzung der Gesellschaft mit den Erben. Diese sind dann Rechtsnachfolger in der Mitgliedschaft. Vgl. § 139*];
5. durch die Eröffnung [*vgl. § 137 II*] des Konkurses [*auch des Nachlaßkonkurses gemäß §§ 214ff KO*] über das Vermögen eines Gesellschafters [*sofern nicht im Gesellschaftsvertrag, § 138, oder aufgrund eines Fortsetzungsbeschlusses, § 141 I, II, vereinbart ist, daß die Gesellschaft mit verminderter Gesellschafterzahl fortbestehen soll*];
6. durch Kündigung [*seitens eines Gesellschafters, §§ 132, 134, oder durch einen Privatgläubiger eines einzelnen Gesellschafters, § 135*] und durch gerichtliche [*Auflösungs-*]Entscheidung [*§§ 133, 142, sofern die Gesellschaft nicht auf Grund einer Klausel im ursprünglichen Gesellschaftsvertrag, § 138, oder eines Fortsetzungsbeschlusses unter den Restgesellschaftern weitergeführt wird, § 141, I, II*].

[*Die bloße Zweckerreichung allein genügt, abweichend von § 726 BGB, nicht zur Auflösung der Gesellschaft.*]

§ 132 (Ordentliche Kündigung seitens eines Gesellschafters)

Die Kündigung eines Gesellschafters [*§ 131 Ziff. 6*] kann, wenn die Gesellschaft [*OHG, KG, § 161 II*] für unbestimmte Zeit [*oder auf Lebenszeit eines Gesellschafters, § 134*] eingegangen ist, [*abweichend von § 723 I BGB nicht mit sofortiger Wirkung, sondern*] nur [*unter Einhaltung einer sechsmonatigen Kündigungsfrist*] für den Schluß eines Geschäftsjahrs erfolgen; sie muß mindestens sechs Monate vor diesem Zeitpunkte stattfinden. [*Die Kündigung führt zur Auflösung mit der Folge der Liquidation der Gesellschaft nach §§ 145ff. Gemäß § 155 I erwirbt der Gesellschafter einen Anspruch auf Verteilung des Restvermögens nach Berichtigung der Gesellschaftsschulden. Enthält der Gesellschaftsvertrag eine Fortsetzungsklausel, § 138, so scheidet der Kündigende aus und erwirbt einen Auseinandersetzungsanspruch aus § 738 I 2 BGB, §§ 105 II, 161 II. Ein völliger Ausschluß des Kündigungsrechts und die Vereinbarung von Kündigungsfristen, die den zeitlichen Standard des § 132 erheblich übersteigt, verstößt gegen § 723 III BGB, § 105 II. Ein sofortiges Ausscheiden des Gesellschafters aus wichtigem Grund ist nach der dispositiven gesetzlichen Regelung nur durch gerichtliches Gestaltungsurteil, § 133 I, möglich. Bei einer Publikums-KG hat der Kommanditist analog §§ 132, 133, 161 II ein fristloses Kündigungsrecht aus wichtigem Grund, BGH NJW 79, 1503.*]

§ 133 (Vorzeitiges Ausscheiden durch Auflösungsklage)

(I) Auf Antrag [*Klage*] eines Gesellschafters [*die jeder Gesellschafter unabhängig von seiner Stellung allein erheben kann, also auch der Kommanditist, und sich gegen die anderen Gesellschafter als notwendige Streitgenossen, § 62 ZPO, richten muß*] kann die Auflösung der Gesellschaft [*OHG, KG, § 161 II*] vor dem Ablaufe der für ihre Dauer bestimmten Zeit [*§ 131 Ziff. 1*] oder bei einer für unbestimmte Zeit eingegangenen Gesellschaft ohne Kündigung [*§§ 132, 134*] durch gerichtliche Entscheidung ausgesprochen werden, wenn ein wichtiger Grund [*vgl. Abs. II*] vorliegt [*d. h., eine Abwägung der beiderseitigen Interessen ergibt, daß dem klagenden Gesellschafter die Zusammenarbeit mit den übrigen Gesellschaftern bis zur nächsten Auflösungsmöglichkeit unzumutbar ist. Die Rechtskraft des Urteils führt zur Auflösung der Gesellschaft nach §§ 145ff und zur Auszahlung des Liquidationswertes, § 155 I. Der Gesellschaftsvertrag kann aber auch die Fortsetzung der Gesellschaft und das Ausscheiden des klagenden Gesellschafters vorsehen. Der Ausscheidende erhält dann einen Anspruch auf Abfindung, § 738 I 2 BGB, §§ 105 II, 161 II. Vgl. Abs. III*].

(II) Ein solcher [*wichtiger*] Grund ist [*zum Beispiel*] insbesondere vorhanden, wenn ein anderer Gesellschafter eine ihm nach dem Gesellschaftsvertrag obliegende wesentliche Verpflichtung vorsätzlich oder aus grober Fahrlässigkeit verletzt oder wenn die Erfüllung einer solchen Verpflichtung [*auch ohne Verschulden, nur objektiv*] unmöglich wird [*oder die Erreichung des Gesellschaftszwecks unmöglich wird, u. U. durch dauernde Unrentabilität, und dadurch dem Klagenden die Fortsetzung der Zusammenarbeit unzumutbar geworden ist, und eine weniger einschneidende Maßnahme zur Beseitigung der Konfliktsituation nicht in Betracht kommt, z. B. Änderung der Organisation der Gesellschaft*].

(III) Eine [*gesellschaftsvertragliche*] Vereinbarung, durch welche das Recht des

Gesellschafters, die Auflösung der Gesellschaft [*aus wichtigem Grund*] zu verlangen, ausgeschlossen oder diesen Vorschriften zuwider beschränkt wird [*etwa durch vertragliche Klauseln, die bestimmte Ereignisse als wichtigen Grund ausschließen, str., oder durch unangemessene Abfindungsregelung, wenn der klagende Gesellschafter durch Fortsetzungsklausel ausscheidet*], ist nichtig.

§ 134 (Ordentliches Kündigungsrecht bei auf Lebenszeit eingegangener Gesellschaft)

Eine Gesellschaft [*OHG, KG, § 161 II*], die für die Lebenszeit eines Gesellschafters eingegangen ist oder nach dem Ablaufe der für ihre Dauer bestimmten Zeit stillschweigend fortgesetzt wird, steht im Sinne der Vorschriften der §§ 132 [*sechsmonatige Kündigungsfrist*] und 133 [*Auflösungsklage*] einer für unbestimmte Zeit eingegangenen Gesellschaft gleich [*mit der Folge der §§ 145ff oder § 138*].

§ 135 (Kündigung des Privatgläubigers)

Hat ein Privatgläubiger eines Gesellschafters [*der keine Ansprüche gegen die Gesellschaft hat und daher wegen seiner Geldforderung nicht in das Gesellschaftsvermögen vollstrecken kann, § 124 II*], nachdem innerhalb der letzten sechs Monate [*vor Zustellung des Pfändungs- und Überweisungsbeschlusses*] eine Zwangsvollstreckung in das bewegliche Vermögen [*§§ 808ff, 828ff ZPO*] des Gesellschafters ohne Erfolg [*Befriedigung des Gläubigers*] versucht ist [*einerlei, ob durch den Privatgläubiger oder von dritter Seite*], auf Grund eines nicht bloß [*iSd §§ 708ff ZPO*] vorläufig vollstreckbaren Schuldtitels [*vor allem rechtskräftiges Urteil und vollstreckbare Urkunden, z.B. § 794 I Nr. 5 ZPO*] die Pfändung [*§§ 857, 828ff ZPO*] und Überweisung [*§ 835 ZPO*] des Anspruchs auf dasjenige erwirkt [*geschieht durch Zustellung an die Gesellschaft als Drittschuldner, § 829 ZPO*], was dem Gesellschafter bei der Auseinandersetzung zukommt [*§ 155, §§ 138, 738 I 2 BGB: Auseinandersetzungsguthaben*], so kann er [*erst nach der Überweisung, § 835 ZPO*] die Gesellschaft [*OHG, KG, § 161 II*] ohne Rücksicht darauf, ob sie für bestimmte oder unbestimmte Zeit eingegangen ist, [*obwohl er durch die Pfändung nicht etwa in die volle Rechtsstellung des Gesellschafters einrückt, mit einer Kündigungsfrist von*] sechs Monate vor dem Ende des Geschäftsjahrs für diesen Zeitpunkt kündigen [*die Gesellschaft zur Auflösung bringen, § 131 Ziff. 6, und sich aus dem Auseindersetzungsguthaben, § 155, befriedigen. Der Gesellschafter-Schuldner bleibt Mitglied der Gesellschaft und für alle Akte der Liquidation zuständig. Vgl. §§ 145 II, 146 II, 147. Eine im Gesellschaftsvertrag enthaltene Fortsetzungsklausel oder ein ad hoc Fortsetzungsbeschluß, § 141 I, bewirkt das Ausscheiden des Gesellschafter-Schuldners. Befriedigungsobjekt ist der nach § 738 I 2 BGB, § 105 II entstandene Auseinandersetzungsanspruch. Bei der BGB-Gesellschaft: § 725 BGB, § 859 I ZPO*].

§ 136 (Fortgeltung der Geschäftsführungsbefugnis nach Auflösung)

Wird die Gesellschaft [*OHG, KG, § 161 II; BGB-Gesellschaft: § 729 BGB*] in anderer Weise als durch Kündigung [*seitens eines Gesellschafters, §§ 132, 134, 132, 133 analog, oder eines Privatgläubigers des einzelnen Gesellschafters, § 135, die nach allge-*

meinen Grundsätzen allen Gesellschaftern gegenüber erklärt werden muß] aufgelöst [*also ins. durch Tod, § 131 Ziff. 4, oder Konkurs, § 131 Ziff. 3, 5*], so gilt [*um den Geschäftsführer, der in nicht fahrlässiger Unkenntnis des Wegfalls der bisherigen Geschäftsführungsbefugnis, § 146 I 1, von dieser Gebrauch macht, vor der Ersatzpflicht aus pVV zu schützen und ihm den Regreßanspruch aus § 105 II, §§ 713, 670 BGB zu erhalten*] die [*durch Gesetz, §§ 114 ff, oder kraft Gesellschaftsvertrages übertragene*] Befugnis eines Gesellschafters zur Geschäftsführung [*nicht aber die Vertretungsmacht, vgl. §§ 149 I 2, 150, 143 I, III, 15 I*] zu seinen Gunsten gleichwohl als fortbestehend, bis er von der Auflösung Kenntnis erlangt oder die Auflösung [*nach den subjektiven Maßstäben des § 122 II BGB*] kennen muß.

§ 137 (Fortführungspflicht bei Tod oder Konkurs eines Gesellschafters)

(I[1]) Wird die Gesellschaft durch den Tod eines Gesellschafters [*gemäß § 131 Ziff. 4*] aufgelöst [*ins., weil die Gesellschafter im Gesellschaftsvertrag keine Fortsetzungsklausel vorgesehen haben*], so hat der Erbe [*BGB-Gesellschaft: § 727 II BGB*] des verstorbenen Gesellschafters den übrigen Gesellschaftern den Tod unverzüglich anzuzeigen und bei Gefahr im Verzuge die von seinem Erblasser zu besorgenden Geschäfte fortzuführen, bis die übrigen Gesellschafter in Gemeinschaft mit ihm anderweit Fürsorge treffen können. ([2]) Die übrigen Gesellschafter sind in gleicher Weise zur einstweiligen Fortführung der von ihnen zu besorgenden Geschäfte verpflichtet. ([3]) Die Gesellschaft gilt insoweit als fortbestehend.

(II) Die Vorschriften des Absatzes 1 Satz 2 und 3 finden auch im Falle der Auflösung der Gesellschaft [*nach § 131 Ziff. 5*] durch die Eröffnung des Konkurses über das Vermögen eines Gesellschafters Anwendung.

§ 138 (Das Ausscheiden eines Gesellschafters)

Ist [*da in Fragen der Fortsetzung der Gesellschaft Vertragsfreiheit besteht*] im [*ursprünglichen*] Gesellschaftsvertrage [*oder durch Fortsetzungsbeschluß der Gesellschafter nach Eintritt des Auflösungsfalles, vgl. §§ 141 I, II, 144*] bestimmt, daß, wenn [*z. B.*] ein Gesellschafter [*§ 131 Ziff. 6, oder ein Privatgläubiger, § 135*] kündigt oder stirbt [*§§ 131 Ziff. 4, 139*] oder wenn der Konkurs über sein Vermögen eröffnet wird [*§§ 131 Ziff. 5, 141 II, die Gesellschaft nicht aufgelöst wird, sondern*], die Gesellschaft [*OHG, KG, §§ 161 II, 177*] unter den übrigen Gesellschaftern [*ohne die Erben, sog. Fortsetzungsklausel*] fortbestehen soll, so scheidet mit dem Zeitpunkt, in welchem mangels einer solchen Bestimmung die Gesellschaft aufgelöst werden würde, der [*u. U. verstorbene*] Gesellschafter, in dessen Person das Ereignis eintritt, aus der [*mit den verbleibenden Gesellschaftern fortbestehenden*] Gesellschaft aus [*mit den Rechtsfolgen der §§ 738–740 BGB, § 105 II und § 142 für den Fall einer zweigliedrigen Gesellschaft. Dies bedeutet: die Gesellschafterstellung des Ausscheidenden erlischt, sein Gesellschaftsanteil geht im Wege der Anwachsung auf die Restgesellschafter über, § 738 I 1 BGB, § 105 II, die ihn bzw. seine Erben, soweit nicht vertraglich ausgeschlossen, abzufinden haben, § 738 I 2 BGB, § 105 II. Das Ausscheiden des Gesellschafters berührt, wie § 159 ergibt, seine Haftung für die bis zu diesem Zeitpunkt entstandenen Gesellschaftsverbindlichkeiten nicht. Ist das Ausscheiden im Zeitpunkt der Entstehung* *der neuen Gesellschaftsschuld noch nicht im Handelsregister eingetragen und bekannt gemacht worden, so gilt er gutgläubigen Dritten gegenüber weiterhin als Mitglied, §§ 143 II, 15 I*].

§ 139 (Wahlrecht der Erben)

(I) Ist im Gesellschaftsvertrage [*aufgrund einer einfachen oder qualifizierten Nachfolgeklausel*] bestimmt, daß im Falle des Todes eines Gesellschafters die Gesellschaft mit dessen Erben [*d. h. mit dem Alleinerben oder allen Miterben, sog. einfache Nachfolgeklausel, oder nur mit einem oder einzelnen Miterben, sog. qualifizierte Nachfolgeklausel*] fortgesetzt werden soll [*so wird die OHG, KG, § 161 II, mit dem Tode des Komplementärs nicht nach § 131 Ziff. 4 aufgelöst, vielmehr geht die Gesellschafterstellung des Erblassers ohne Mitwirkung des übrigen Gesellschafter auf den oder die Erben über, die nach dem Gesellschaftsvertrag nachrücken sollen. Mehrere Erben erwerben nicht als Erbengemeinschaft, sondern jeder für sich als Einzelperson entsprechend ihrer Erbquote die Mitgliedschaft des Erblassers unmittelbar geteilt. Da sie mit dem Tode des Erblassers persönlich haftende Gesellschafter werden, haften sie für alte Gesellschaftsverbindlichkeiten aus der Zeit der Mitgliedschaft des Erblassers wie jeder Erbe nach § 1967 II BGB iVm § 128 und für künftige Schulden der Gesellschaft wie jeder Gesellschafter nach § 128 S 1. Die Möglichkeit der Haftungsbeschränkung ergibt sich nach erbrechtlichen Grundsätzen nur durch Ausschlagung, §§ 1942 ff BGB, oder gesellschaftsrechtlich durch die Schutzvorschrift des § 139*], so kann jeder Erbe sein Verbleiben in der Gesellschaft davon abhängig machen, daß ihm unter Belassung des bisherigen Gewinnanteils die Stellung eines Kommanditisten eingeräumt und der auf ihn fallende Teil der Einlage des Erblassers als seine Kommanditeinlage anerkannt wird.

(II) Nehmen die übrigen [*d. h.: die alten*] Gesellschafter einen [*rechtzeitig in der Drei-Monats-Frist des Abs. III gestellten*] dahingehenden Antrag des Erben [*seine Rechtsstellung als Komplementär in eine Kommanditistenstellung umzuwandeln, an, so wird die OHG durch Eintritt eines Kommanditisten in eine KG umgewandelt. Er haftet für die bis zur Einräumung der Kommanditistenstellung entstandenen Gesellschaftsschulden, §§ 128 S 1, 124 I, nur nach Maßgabe des Abs. IV, der § 173 verdrängt. Nehmen die übrigen Gesellschafter den Antrag*] nicht an, so ist dieser befugt [*zu wählen, ob er als persönlich haftender Gesellschafter in der OHG verbleibt oder*], ohne Einhaltung einer Kündigungsfrist [*durch einseitige Erklärung innerhalb der Frist des Abs. III*] sein Ausscheiden aus der Gesellschaft zu erklären [*damit seine Gesellschafterstellung aufzugeben und einen Abfindungsanspruch, §§ 738 I 2–740 BGB, gegen die verbleibenden Gesellschafter zu erwerben. Das Ausscheiden berührt seine Haftung für die zu diesem Zeitpunkt entstandenen Schulden nicht. Er haftet nach § 128 S 1 mit der Möglichkeit der Haftungsbeschränkung, §§ 1975 ff BGB, für die innerhalb der Frist des Abs. III entstandenen Verbindlichkeiten, Abs. IV*].

(III[1]) Die [*in Abs. I und II*] bezeichneten Rechte [*Einräumung der Stellung eines Kommanditisten, Ausscheiden bei Ablehnung des Antrags*] können von dem Erben nur innerhalb einer Frist von drei Monaten nach dem Zeitpunkt, in welchem er von dem Anfalle der Erbschaft [*§§ 1922 I, 1942 I BGB*] Kenntnis erlangt hat, geltend gemacht werden [*weitere Wirkung der Drei-Monatsfrist: der Erbe kann nach Abs. IV für die innerhalb der Frist entstandenen Gesellschaftsverbindlichkeiten seine Haftung, § 128 S 1, auf den Nachlaß beschränken*]. (2) Auf den Lauf der Frist finden die für die Verjährung geltenden Vorschriften des § 206 des Bürgerlichen Gesetzbuchs entsprechende Anwendung [*d. h. für den in der Geschäftsfähigkeit beschränkten Erben, der ohne gesetzlichen Vertreter ist, weil dieser z. B. durch § 181 BGB verhindert ist, läuft die Drei-Monatsfrist nicht vor dem Ablauf von drei Monaten von dem Zeitpunkt ab, in welchem der Erbe unbeschränkt geschäftsfähig geworden ist oder der Mangel der gesetzlichen Vertretung aufhört*]. (3) Ist bei dem Ablaufe der drei Monate das Recht zur Ausschlagung der Erbschaft noch nicht verloren [*vgl. §§ 1943, 1944, 1949, 1956 BGB*], so endigt die Frist nicht vor dem Ablaufe der Ausschlagungsfrist [*§ 1944 BGB*].

(IV) Scheidet innerhalb der [*Drei-Monats-*]Frist des Absatzes 3 der Erbe aus der Gesellschaft aus [*Abs. II*] oder wird innerhalb der Frist die Gesellschaft aufgelöst oder dem Erben [*durch Annahme des Antrags, Abs. II, I, in der Drei-Monatsfrist des Abs. III*] die Stellung eines Kommanditisten eingeräumt, so haftet er für die bis dahin [*in der Übergangszeit zwischen Tod und dem Zeitpunkt des Ausscheidens, Einräumung der Kommanditistenstellung, Liquidation*] entstandenen Gesellschaftsschulden [*§ 124 I, zwar als persönlich haftender Gesellschafter nach § 128 S 1, aber mit der Möglichkeit seine Haftung auf den Nachlaß zu beschränken, also*] nur nach Maßgabe der die Haftung des Erben für die Nachlaßverbindlichkeiten betreffenden Vorschriften des bürgerlichen Rechtes [*vgl. §§ 1975 ff BGB. Für die vor dem Tode des Erblassers entstandenen Gesellschaftsverbindlichkeiten, die zugleich Gesellschafterschulden des Verstorbenen sind, § 128 S 1, haftet er nach allgemeinen erbrechtlichen Grundsätzen, ins. mit der Möglichkeit der Haftungsbeschränkung, §§ 1967 II, 1975 ff BGB. §§ 130, 173 sind insoweit unanwendbar, str. Das Ausscheiden muß in das Handelsregister eingetragen und bekannt gemacht werden, § 143 II, I, um gutgläubigen Dritten entgegengehalten werden zu können, § 15 I. Im Innenverhältnis hat er einen Befreiungsanspruch, § 738 I 2 BGB. Wird die Komplementärstellung in eine Kommanditistenstellung umgewandelt, so haftet er für die in der Übergangszeit des § 139 III entstandenen Gesellschaftsschulden nach § 128 S 1 mit der Möglichkeit der Haftungsbeschränkung. Für nachher entstandene Gesellschaftsschulden haftet er zwar grundsätzlich beschränkt nach Maßgabe des § 171, aber mit der Gefahr der persönlich unbeschränkten Haftung nach § 128 S 1, solange der Eintritt als Kommanditist nicht im Handelsregister eingetragen und bekannt gemacht worden ist, § 176 II*].

(V) Der Gesellschaftsvertrag kann die Anwendung der Vorschriften der Absätze 1 bis 4 nicht ausschließen; es kann jedoch für den Fall, daß der Erbe sein Verbleiben in der Gesellschaft von der Einräumung der Stellung eines Kommanditisten abhängig macht, sein Gewinnanteil anders als der des Erblassers bestimmt werden.

§ 140 (Ausschließung eines Gesellschafters)

(I) Tritt in der Person eines Gesellschafters [*Komplementärs, § 161 II, Kommanditisten*] ein Umstand [*»wichtiger Grund«*] ein, der nach § 133 für die übrigen Gesellschafter das Recht begründet, die Auflösung der Gesellschaft zu verlangen, so kann vom Gericht [*als ultima ratio*] anstatt der Auflösung [*der Gesellschaft, § 131 Ziff. 6, durch rechtsgestaltendes Ausschließungsurteil*] die Ausschließung dieses Gesellschafters aus der Gesellschaft ausgesprochen werden, sofern die übrigen [*d. h. Klage bedarf der Zustimmung aller Gesellschafter*] Gesellschafter [*als notwendige Streitgenossen, § 62 ZPO*] dies beantragen. [*Voraussetzung für die Ausschließung ist aber weiter, daß kein milderes Mittel Abhilfe schafft und so den Interessengegensatz für die Zukunft fortfallen läßt, z. B. der Entzug der Geschäftsführungs- und/oder Vertretungsbefugnis. Die Regelung ist nicht zwingend. Sie ist durch Gesellschaftsvertrag abdingbar; Vereinbarung der Ausschließung durch bloßen Mehrheitsbeschluß ist grds. zulässig. Folgen: 1. Ausscheiden mit Rechtskraft des Urteils; 2. sein Anteil wächst den übrigen Gesellschaftern zu, § 738 I 1 BGB, § 105 II; ist nur ein einziger Gesellschafter übrig, so hat er ein Übernahmerecht, § 142 I; 3. wegen Gesellschaftsschulden aus der Zeit seiner Mitgliedschaft, §§ 143 II, I, 15 I, kann er noch in Anspruch genommen werden; er hat jedoch intern einen Befreiungsanspruch, §§ 738 I 2 BGB, § 105 II; 4. er erwirbt einen Auseinandersetzungsanspruch, §§ 738 I 1 BGB, § 105 II; Zeitpunkt für die Wertberechnung: Abs. II.*]

(II) [*Als Stichtag*] Für die [*Wertberechnung bei der*] Auseinandersetzung [*§§ 738 I 1 – 740 BGB, § 105 II*] zwischen der Gesellschaft und dem ausgeschlossenen Gesellschafter ist die Vermögenslage der Gesellschaft [*nicht zur Zeit der Ausschließung mit Rechtskraft des Ausschließungsurteils, sondern*] in dem Zeitpunkt maßgebend, in welchem die [*Rechtshängigkeit der Ausschließungsklage eintrat, also*] Klage auf Ausschließung erhoben ist [*d. h. ein späterer Erwerb gilt als nicht mehr in das Gesellschaftsvermögen gefallen, spätere Schulden der OHG, KG im Innenverhältnis nicht mehr als Gesellschaftsschulden*].

§ 141 (Fortsetzungsbeschluß nach Gläubigerkündigung oder Konkurs)

(I[1]) Macht ein Privatgläubiger eines Gesellschafters von dem ihm nach § 135 zustehenden [*Kündigungs-*]Rechte Gebrauch [*und fehlt eine Fortsetzungsvereinbarung nach § 138*], so können die übrigen Gesellschafter [*abweichend von § 736 BGB unter Ausschluß des Betroffenen*] auf Grund eines von ihnen [*nach Erklärung der Kündigung bzw. Eröffnung des Konkurses, vgl. Abs. II*] gefaßten [*einstimmigen*] Beschlusses dem Gläubiger [*vgl. Abs. II*] erklären, daß die Gesellschaft [*nicht aufgelöst wird, sondern*] unter ihnen fortbestehen solle. ([2]) In diesem Falle scheidet der betreffende Gesellschafter mit dem Ende des Geschäftsjahres aus der Gesellschaft [*OHG und KG, § 161 II*] aus [*mit den Rechtsfolgen der §§ 143 II; 105 II m. §§ 738–740 BGB. Insbesondere erwerben die verbleibenden Gesellschafter den Anteil des Ausscheidenden durch Anwachsung, § 105 II, § 738 I 1 BGB. Bei einer nur zweigliedrigen Gesellschaft besteht nach § 142 II, III für den verbleibenden Gesellschafter das Recht, das gewerbliche Unternehmen ohne Liquidation zu übernehmen*].

(II) Diese Vorschriften [*Abs. I, sowie das Übernahmerecht aus § 142 II, III*] finden im Falle der Eröffnung des Konkurses über das Vermögen eines Gesellschafters [*vgl. § 131 Nr. 5; Fortsetzungsbeschluß nach Gesellschaftskonkurs: § 144*] mit der Maßgabe Anwendung, daß die Erklärung gegenüber dem Konkursverwalter zu erfolgen hat und daß der Gemeinschuldner mit dem Zeitpunkte der Eröffnung des Konkurses als aus der Gesellschaft ausgeschieden gilt.

§ 142 (Übernahmeklage des verbleibenden Gesellschafters der Zwei-Mann-OHG)

(I) Sind nur zwei Gesellschafter vorhanden, so kann, wenn in der Person des einen von ihnen die Voraussetzungen vorliegen, unter welchen bei einer größeren Zahl von Gesellschaftern seine Ausschließung aus der Gesellschaft zulässig sein würde [*vgl. §§ 140, 133, 161 II*], der andere Gesellschafter auf seinen Antrag [*im Wege der Übernahmeklage die Ausschließung erlangen und*] vom Gerichte für berechtigt erklärt werden, das Geschäft ohne Liquidation mit Aktiven und Passiven zu übernehmen [*d. h. als Einzelhandelsgeschäft fortzusetzen. Zum dinglichen Vollzug: Abs. III m. § 738 I 1 BGB*].

(II) Macht bei einer aus zwei Gesellschaftern bestehenden Gesellschaft [*OHG, KG, § 161 II*] ein Privatgläubiger des einen Gesellschafters von der ihm nach § 135 zustehenden Befugnis [*Kündigungsrecht*] Gebrauch oder wird über das Vermögen des einen Gesellschafters der Konkurs eröffnet [*§ 131 Ziff. 5*], so [*ist eine Fortsetzung der Gesellschaft mit verminderter Gesellschafterzahl, § 141 I, II, wie in der Mehr-Personen-Gesellschaft nicht möglich, aber eine Übernahme des Geschäftsanteils des Partners im Wege der Anwachsung, § 738 I 1 BGB, steht offen, denn jederzeit*] ist der andere [*verbleibende*] Gesellschafter berechtigt, das Geschäft [*das OHG-, KG-Unternehmen, als Einzelhandelsgeschäft*] in der bezeichneten Weise [*im Wege der Übernahmeklage nach Abs. I*] zu übernehmen. [*Der Erwerb vollzieht sich dann nach Abs. III.*]

(III) Auf die Auseinandersetzung finden die für den Fall des Ausscheidens eines Gesellschafters aus der Gesellschaft geltenden Vorschriften [*§§ 138, 105 II, §§ 738–740 BGB*] entsprechende Anwendung [*d. h., der übernehmende Gesellschafter erwirbt den Geschäftsanteil nach dem Anwachsungsprinzip, § 738 I 1 BGB. Der ausgeschiedene Gesellschafter erhält einen Abfindungsanspruch in Höhe seiner Beteiligung nach § 738 I 2 BGB*].

§ 143 (Eintragung der Auflösung und des Ausscheidens im Handelsregister)

(I) Die Auflösung der Gesellschaft [*§§ 131–137, 161 II*] ist, wenn sie nicht [*gemäß § 131 Ziff. 3*] infolge der Eröffnung des Konkurses über das Vermögen der Gesellschaft eintritt, von sämtlichen Gesellschaftern [*als eintragungspflichtige Tatsache iSd § 15 I*] zur Eintragung in das Handelsregister anzumelden. [*Handelt ein Gesellschafter allein, so liegt nach Wegfall der gesetzlichen Alleinvertretung, §§ 146 I 1, 150, Vertretung ohne Vertretungsmacht vor, §§ 177ff BGB. Das Fehlen der Vertretungsmacht ist Dritten gegenüber aber nur bei Eintragung und Bekanntmachung der Auflösung wirksam, § 15 I.*]

(II) Das gleiche [*Abs. I*] gilt von dem Ausscheiden eines Gesellschafters aus der Gesellschaft [*auf Grund vertraglicher Vereinbarung oder der gesetzlichen Fälle der §§ 138, 140, 141. Der ausgeschiedene Gesellschafter haftet für Verbindlichkeiten der Gesellschaft nur, wenn sie bereits vor seinem Ausscheiden begründet waren. Die Haftungsbeschränkung ist nur dann wirksam, wenn sein Ausscheiden bei Begründung der Neuschulden im Handelsregister eingetragen und bekannt gemacht worden war. Sonst begründet § 15 I die Weiterhaftung des ausgeschiedenen Gesellschafters für Neuschulden. Ist der ausgeschiedene Gesellschafter gemäß §§ 143 II, 15 I für Neuschulden in Anspruch genommen worden, so ergibt sich sein Rückgriffsanspruch gegen die Gesellschaft nach dem normalen Regreßmodus, § 738 I 2 BGB, § 105 II. Vgl. § 159 m. Anm.*].

(III) Ist anzunehmen, daß der Tod eines Gesellschafters [*ins. ohne Fortsetzungsklausel gemäß § 131 Ziff. 4.*] die Auflösung oder [*durch Fortsetzungsklausel gemäß § 138*] das Ausscheiden zur Folge gehabt hat, so kann, auch ohne daß die Erben bei der Anmeldung mitwirken, die Eintragung erfolgen, soweit einer solchen Mitwirkung besondere Hindernisse entgegenstehen.

§ 144 (Fortsetzungsbeschluß nach Gesellschaftskonkurs)

(I) Ist die Gesellschaft durch die Eröffnung des Konkurses über ihr Vermögen [*nach § 131 Ziff. 3*] aufgelöst, der Konkurs aber nach Abschluß eines Zwangsvergleichs aufgehoben oder auf Antrag des Gemeinschuldners eingestellt, so können die Gesellschafter die Fortsetzung der Gesellschaft beschließen.

(II) Die Fortsetzung ist von sämtlichen Gesellschaftern zur Eintragung in das Handelsregister anzumelden.

Fünfter Titel
Liquidation der Gesellschaft

[OHG, KG, § 161 II: §§ 145–158]

§ 145 (Erforderlichkeit der Liquidation)

(I) Nach der Auflösung der Gesellschaft [*OHG, KG, § 161 II, durch Eintritt eines in § 131 genannten Auflösungsgrundes, bleibt die Gesellschaft fortbestehen, wenn auch mit verändertem Zweck: an die Stelle des vertraglich vereinbarten Zweckes des Betriebes eines Handelsgewerbes tritt der Liquidationszweck. Es*] findet [*in Ansehung des Gesellschaftsvermögens, § 105 II, § 718 BGB*] die Liquidation statt [*nach der Reihenfolge der §§ 149 S 1, 154, 155. Die Abwicklung erfolgt durch besondere Liquidatoren, d.h. im Zweifel durch sämtliche Gesellschafter, § 146 I 1. Diese handeln nunmehr als Gesamtgeschäftsführer und Gesamtvertreter, §§ 149 I 2, 150 I. Der Wegfall der bisherigen Einzelvertretungsmacht, §§ 125 I, 126, kann einem gutgläubigen Geschäftspartner nicht entgegengesetzt werden, § 15 I, solange die Auflösung der Gesellschaft noch nicht im Handelsregister eingetragen und bekannt gemacht worden ist, § 143 I, III. Durch die Änderung des Zweckes verliert die Gesellschaft den Anspruch auf eine bisher noch nicht geleistete Einlage. Die Haftung für noch offene Verbindlichkeiten der OHG, KG bleibt auch nach Abschluß der Liquidation unverändert fortbestehen: neben der Gesellschaft, § 124, haften die Gesellschafter als Gesamtschuldner persönlich, §§ 128, 129; 171, 172 I; 156. Ebenso haften sie für die während der Liquidation begründeten Verbindlichkeiten der Liquidationsgesellschaft, §§ 149 S 2, 124 I, unbeschränkbar persönlich, §§ 128, 156. Die dispositiven Vorschriften der §§ 145–158 über die Reihenfolge der Abwicklung, §§ 149 S 1, 154, 155 I, die Vertretungsmacht und Geschäftsführungsbefugnis der Liquidatoren, §§ 146–153, sind nur anwendbar*], sofern nicht eine andere Art der Auseinandersetzung [*z. B. die Übernahme des Geschäftes ohne Liquidation*] von den Gesellschaftern [*durch eine Regelung im ursprünglichen Gesellschaftsver-*

trag vorgesehen oder durch ad hoc Beschluß aller Gesellschafter] vereinbart [*§ 158*] oder über das Vermögen der Gesellschaft der Konkurs [*der besonderes Liquidationsverfahren ist*] eröffnet ist [*und die Gesellschaft dadurch nach § 131 Ziff. 3 aufgelöst wird. Vgl. § 144 und §§ 209 ff KO*].

(II) Ist die Gesellschaft durch Kündigung des Gläubigers eines Gesellschafters oder durch die Eröffnung des Konkurses über das Vermögen eines Gesellschafters aufgelöst, so kann die Liquidation nur mit Zustimmung des Gläubigers oder des Konkursverwalters unterbleiben.

§ 146 (Bestellung der Liquidatoren)

(I[1]) Die Liquidation [*§§ 149 S 1, 154, 155*] erfolgt, sofern sie nicht durch [*abweichenden*] Beschluß der Gesellschafter oder durch den Gesellschaftsvertrag einzelnen Gesellschaftern oder anderen Personen [*Nicht-Gesellschaftern*] übertragen ist, [*unabhängig von ihrer bisherigen Stellung als Komplementär oder Kommanditist*] durch sämtliche Gesellschafter als [*gleichberechtigte, § 150, im Zweifel nur gemeinsam zur Vertretung des Liquidationsgesellschaft vertretungsberechtigte, § 149 S 2*] Liquidatoren. [*Die bisherige Geschäftsführungsbefugnis, §§ 114–118, fällt weg.*] ([2]) Mehrere Erben eines Gesellschafters [*die an die Stelle des durch Tod ausgeschiedenen Komplementärs getreten sind*] haben einen gemeinsamen Vertreter zu bestellen [*der dann als Erbenvertreter selbst Liquidator ist*].

(II[1]) Auf Antrag eines Beteiligten kann aus wichtigen Gründen die Ernennung von Liquidatoren durch das Gericht erfolgen, in dessen Bezirke die Gesellschaft ihren Sitz hat; das Gericht kann in einem solchen Falle Personen zu Liquidatoren ernennen, die nicht zu den Gesellschaftern gehören. ([2]) Als Beteiligter gilt außer den Gesellschaftern im Falle des § 135 auch der Gläubiger, durch den die Kündigung erfolgt ist.

(III) Ist über das Vermögen eines Gesellschafters der Konkurs eröffnet, so tritt der Konkursverwalter an die Stelle des Gesellschafters.

§ 147 (Abberufung von Liquidatoren)

Die Abberufung von Liquidatoren geschieht durch einstimmigen Beschluß der nach § 146 Abs. 2 und 3 Beteiligten; sie kann auf Antrag eines Beteiligten aus wichtigen Gründen auch durch das Gericht erfolgen.

§ 148 (Anmeldung der Liquidatoren)

(I[1]) Die Liquidatoren sind von sämtlichen Gesellschaftern zur Eintragung in das Handelsregister anzumelden. ([2]) Das gleiche gilt von jeder Änderung in den Personen der Liquidatoren oder in ihrer Vertretungsmacht. ([3]) Im Falle des Todes eines Gesellschafters kann, wenn anzunehmen ist, daß die Anmeldung den Tatsachen entspricht, die Eintragung erfolgen, auch ohne daß die Erben bei der Anmeldung mitwirken, soweit einer solchen Mitwirkung besondere Hindernisse entgegenstehen.

(II) Die Eintragung gerichtlich bestellter Liquidatoren sowie die Eintragung der gerichtlichen Abberufung von Liquidatoren geschieht von Amts wegen.

(III) Die Liquidatoren haben die Firma nebst ihrer Namensunterschrift zur Aufbewahrung bei dem Gerichte zu zeichnen.

§ 149 (Aufgaben und Vertretungsmacht der Liquidatoren)

(1) Die Liquidatoren [*die im Innenverhältnis Weisungen unterliegen, §§ 662 ff, 713 BGB, § 105 II oder § 675 BGB. Vgl. § 152*] haben die laufenden Geschäfte zu beendigen, die Forderungen [*der OHG und KG*] einzuziehen, das übrige [*Gesellschafts-*] Vermögen in Geld umzusetzen und die Gläubiger [*der Gesellschaft*] zu befriedigen [*und das Restvermögen nach den Anteilen zu verteilen, § 155 I*]; zur Beendigung schwebender Geschäfte können sie auch neue Geschäfte eingehen. (2) Die Liquidatoren [*§ 146 I*] vertreten innerhalb ihres Geschäftskreises [*§§ 149 1, 154, 155: Liquidationszweck*] die Gesellschaft [*grds. in Gemeinschaft, § 150 I*] gerichtlich und außergerichtlich. [*Die bisherige Vertretungsbefugnis, §§ 125–127, fällt weg. Ist die Eintragung der Auflösung in das Handelsregister, §§ 143 I, III, unterblieben, so kann die fehlende Vertretungsmacht des allein kontrahierenden Liquidators Außenstehenden gegenüber nur geltend gemacht werden, wenn deren Kenntnis bewiesen werden kann, § 15 I. Für die während der Liquidation entstandenen Verbindlichkeiten der Gesellschaft, §§ 124 I, 156, haften die Liquidatoren als Gesamtschuldner persönlich, §§ 128, 129, 156. Auch ein unter Überschreitung der Vertretungsmacht vorgenommenes, vom Liquidationszweck nicht gedecktes Rechtsgeschäft ist für die Gesellschaft verbindlich, es sei denn, daß der Geschäftspartner die Liquidationsfremdheit kannte oder kennen mußte, str. Beschränkungen der Vertretungsmacht wirken nur im Innenverhältnis, § 151.*]

§ 150 (Mehrere Liquidatoren)

(I) Sind mehrere Liquidatoren vorhanden [*das folgt meist aus § 146 I*], so können sie die zur Liquidation [*§§ 149 S 1, 154, 155*] gehörenden Handlungen [*ins. die Vertretung der Liquidationsgesellschaft, § 149 S 2*] nur [*mit Zustimmung aller Liquidatoren, also*] in Gemeinschaft vornehmen [*Grundsatz der Gesamtgeschäftsführungsbefugnis und Gesamtvertretung in der Liquidationsgesellschaft. Widerspricht auch nur ein Liquidator, so ist die Maßnahme unwirksam. Bei Passivvertretung genügt die Abgabe der Erklärung gegenüber einem Mitglied, § 125 II 3 analog, Abs. II S 2*], sofern nicht [*durch Beschluß oder Gesellschaftsvertrag*] bestimmt ist, daß sie einzeln handeln können [*z. B. daß jeder Liquidator Einzelvertretungsmacht hat oder zwei gemeinsam vertreten können*]; eine solche Bestimmung ist in das Handelsregister einzutragen.

(II1) Durch die Vorschrift des Absatzes 1 wird nicht ausgeschlossen, daß die Liquidatoren einzelne von ihnen zur Vornahme bestimmter Geschäfte oder bestimmter Arten von Geschäften ermächtigen. (2) Ist der Gesellschaft gegenüber eine Willenserklärung abzugeben, so findet die Vorschrift des § 125 Abs. 2 Satz 3 entsprechende Anwendung.

§ 151 (Unbeschränkbarkeit der Vertretungsmacht)

Eine Beschränkung des Umfanges der Befugnisse der Liquidatoren [*§ 149 S 2*] ist Dritten gegenüber unwirksam.

§ 152 (Bindung des Liquidators an Weisungen)

Gegenüber den nach § 146 Abs. 2 und 3 Beteiligten haben die Liquidatoren, auch wenn sie vom Gerichte bestellt sind, den Anordnungen Folge zu leisten, welche die Beteiligten in betreff der Geschäftsführung einstimmig beschließen.

§ 153 (Unterschrift)

Die Liquidatoren haben ihre Unterschrift in der Weise abzugeben, daß sie der bisherigen, als Liquidationsfirma zu bezeichnenden Firma ihren Namen beifügen.

§ 154 (Aufstellung einer Bilanz)

Die Liquidatoren haben [*vgl. §§ 6 I, 38ff*] bei dem Beginne [*Liquidationseröffnungsbilanz*] sowie bei der Beendigung [*Liquidationsschlußbilanz, vgl. § 155 I*] der Liquidation eine Bilanz aufzustellen.

§ 155 (Verteilung des Restvermögens)

(I) Das nach Berichtigung der Schulden [*§ 149 S 1*] verbleibende Vermögen der Gesellschaft ist [*abweichend von § 733 II BGB ohne vorab Rückerstattung der Einlagen*] von den Liquidatoren nach dem Verhältnisse der Kapitalanteile [*§ 120*], wie sie sich auf Grund der Schlußbilanz [*§ 154*] ergeben, unter die Gesellschafter zu verteilen [*sog. Auseinandersetzungsanspruch. Reicht das Gesellschaftsvermögen zur Schuldentilgung nicht aus, so besteht die alte Haftung der Gesellschafter nach §§ 128, 129, 171 fort. Für die Nachschußpflicht unter den Gesellschaftern für eine noch offenstehende Gesellschaftsschuld ist die Verlustbeteiligungsquote maßgebend, § 105 II, § 735 BGB. Nach Beendigung der Abwicklung erlischt die Gesellschaft, vgl. § 157 I*].

(II[1]) Das während der Liquidation entbehrliche Geld wird vorläufig verteilt. ([2]) Zur Deckung noch nicht fälliger oder streitiger Verbindlichkeiten sowie zur Sicherung der den Gesellschaftern bei der Schlußverteilung zukommenden Beträge ist das Erforderliche zurückzubehalten. ([3]) Die Vorschriften des § 122 Abs. 1 finden während der Liquidation keine Anwendung.

(III) Entsteht über die Verteilung des Gesellschaftsvermögens Streit unter den Gesellschaftern, so haben die Liquidatoren die Verteilung bis zur Entscheidung des Streites auszusetzen.

§ 156 (Anwendbares Recht)

Bis zur Beendigung der Liquidation [*vgl. § 157 I*] kommen [*da die Umwandlung einer werbenden OHG oder KG in eine Liquidationsgesellschaft grundsätzlich identitätswahrend ist – obwohl in § 156 nicht erwähnt –, die Vorschriften über die BGB-Gesellschaft, § 105 II, ins. die §§ 706–708; 713; 717–720 BGB zur Anwendung. Daher gelten*] in bezug auf das Rechtsverhältnis der bisherigen Gesellschafter untereinander [*die Vorschriften der §§ 109ff, soweit der Liquidationszweck nicht entgegensteht. Unanwendbar sind: §§ 112, 113, 114–117. Die anderen Vorschriften sind anwendbar, z. B. §§ 109, 110, 118, 119, 120–122, str. Auch im Außenverhältnis, ins. für die Haftung gegenüber Dritten, §§ 124–130, § 31 BGB analog, gelten für beide die gleichen Grundsät-*

ze] sowie der Gesellschaft zu Dritten [*gelten, sofern mit den Sondervorschriften der §§ 146–153 vereinbar, die §§ 123 ff. Die Sondervorschriften behandeln ins. die Vertretung, §§ 146, 147, 149–151, so daß die §§ 125–127 ausgeschlossen sind. Daneben gelten die §§ 124, 128–130. Unanwendbar ist § 123. Die Verweisung ist unvollständig, da nur erwähnt sind*] die Vorschriften des zweiten [*§§ 109 ff*] und dritten [*§§ 123 ff*] Titels zur Anwendung, soweit sich nicht aus dem gegenwärtigen Titel [*z. B. §§ 146–151*] oder aus dem Zwecke der Liquidation ein anderes ergibt [*daneben gelten auch die Grundsätze des vierten Titels über das Ausscheiden eines Gesellschafters und des sechsten Titels über die Verjährung, §§ 159, 160, unverändert auch für die Liquidationsgesellschaft*].

§ 157 (Anmeldung des Erlöschens der Firma)

(I) Nach der Beendigung der Liquidation ist das Erlöschen der Firma von den Liquidatoren zur Eintragung in das Handelsregister anzumelden.

(II[1]) Die Bücher und Papiere der aufgelösten Gesellschaft werden einem der Gesellschafter oder einem Dritten in Verwahrung gegeben. ([2]) Der Gesellschafter oder der Dritte wird in Ermangelung einer Verständigung durch das Gericht bestimmt, in dessen Bezirke die Gesellschaft ihren Sitz hat.

(III) Die Gesellschafter und deren Erben behalten das Recht auf Einsicht und Benutzung der Bücher und Papiere.

§ 158 (Abweichende vertragliche Regelung der Auseinandersetzung)

Vereinbaren die Gesellschafter [*vgl. § 145 I*] statt der Liquidation [*nach den dispositiven Regeln der §§ 145 ff*] eine andere Art der Auseinandersetzung, so finden, solange noch ungeteiltes Gesellschaftsvermögen [*der auch in diesem Falle mit verändertem Zweck identisch fortbestehenden Gesellschaft*] vorhanden ist, im [*Außen-*] Verhältnisse zu Dritten die für die Liquidation geltenden Vorschriften entsprechende Anwendung [*ins. bezüglich der Vertretungsmacht, §§ 146 I, 149 I 2, 150, und der Haftung der Gesellschafter und Gesellschaft nach §§ 124, 128*].

Sechster Titel
Verjährung

[der Haftung der Gesellschafter, §§ 159, 160]

§ 159 (Fünfjährige Verjährungsfrist)

(I) Die Ansprüche gegen einen Gesellschafter aus Verbindlichkeiten der Gesellschaft [*§§ 124 I, 161 II*] verjähren [*§§ 222 ff BGB, in jedem Fall*] in fünf Jahren nach der Auflösung der Gesellschaft [*vgl. §§ 131–137, 161 II*] oder nach dem Ausscheiden [*und Eintragung, Abs. II*] des Gesellschafters, [*vgl. §§ 138, 140, 141*], sofern nicht der Anspruch gegen die Gesellschaft einer kürzeren Verjährung [*vgl. §§ 477, 547, 638, 852 BGB*] unterliegt. [*Da die Haftung gegenüber den Gesellschaftsgläubigern trotz Ausscheidens bestehen bleibt, kann er sich gegen eine Inanspruchnahme nicht unter Verweis auf den Fortfall seiner Mitgliedschaft wehren. Vor Befriedigung des Gläubigers* *hat er im Innenverhältnis einen Anspruch auf Befreiung von der Gesellschaftsschuld, § 105 II, § 738 I 2 2. Alt BGB. Nach Befriedigung des Gläubigers wandelt er sich in einen Rückgriffsanspruch. Die Gesellschafter haften subsidiär nach der Gesellschaft. Die Anspruchsgrundlage für den Rückgriffsanspruch gegen die Gesellschaft ist streitig: kann er noch aus § 110 in voller Höhe Regreß verlangen oder ist der Rückgriff aus der übergegangenen Gesellschaftsschuld, § 110 I, §§ 426 II, 412 BGB, herzuleiten? Die hM lehnt auch ein Gesamtschuldverhältnis zwischen ausgeschiedenem Gesellschafter und Gesellschaft ab. Für Regreß im einzelnen: vgl. § 128. Da der ausgeschiedene Gesellschafter von den früheren Mitgesellschaftern wegen § 738 I 2 2. Alt BGB Ausgleich in voller Höhe ohne Abzug seines Verlustanteils verlangen kann, ist die Geltendmachung des Erstattungsanspruchs aus § 426 I 1, II BGB und § 738 I 2 BGB, § 105 II, jetzt günstiger als zur Zeit seiner Mitgliedschaft. Vgl. § 110. Die Gesellschafter haften auch jetzt nicht aus § 128 S 1.*]

(II) Die Verjährung beginnt mit dem Ende des Tages, an welchem die Auflösung der Gesellschaft [*§ 143 I*] oder das Ausscheiden des Gesellschafters in das Handelsregister [*§ 143 II*] des für den Sitz der Gesellschaft zuständigen Gerichts eingetragen wird [*sofern die Fälligkeit der Forderung nicht erst nach dieser Eintragung liegt, vgl. Abs. III*].

(III) Wird der Anspruch des Gläubigers gegen die Gesellschaft [*§§ 124 I, 161 II*] erst nach der Eintragung [*Abs. II*] fällig, so beginnt die [*fünfjährige, Abs. I*] Verjährung mit dem Zeitpunkte der Fälligkeit.

§ 160 (Unterbrechung der Verjährung)

Die Unterbrechung der Verjährung [*gemäß §§ 208–217 BGB*] gegenüber der [*nach §§ 131–137*] aufgelösten [*aber noch identisch fortbestehenden*] Gesellschaft wirkt auch gegenüber den Gesellschaftern, welche der Gesellschaft zur Zeit der Auflösung angehört haben.

Zweiter Abschnitt
Kommanditgesellschaft

[§§ 161–177 a]

§ 161 (Begriffsmerkmale der Kommanditgesellschaft)

(I) Eine Gesellschaft, deren Zweck auf den Betrieb eines [*vollkaufmännischen, § 4 II, I*] Handelsgewerbes [*§§ 1, 2, 3, 5*] unter gemeinschaftlicher Firma [*§ 19 II–IV*] gerichtet ist, ist eine [*nicht rechtsfähige, §§ 124 I, 161 I*] Kommanditgesellschaft [*§ 6, kraft Grundhandelsgewerbes, § 1 I, II, oder konstitutiver Registereintragung, §§ 2, 3*], wenn [*durch Abschluß eines entsprechenden fehlerfreien oder auf fehlerhafter Vertragsgrundlage in Vollzug gesetzten Gesellschaftsvertrages, §§ 705, 706 BGB, der, abgesehen von §§ 1822 Nr. 3, 1643 BGB, keiner Form bedarf und mündlich – auch konkludent – eingegangen werden kann*] bei einem oder bei einigen von den Gesellschaftern die Haftung gegenüber den Gesellschaftsgläubigern [*für Verbindlichkeiten der auch im Außenverhältnis wirksam entstandenen KG, §§ 161 I, II, 124 I, und zwar kraft* *konstitutiver Eintragung in das Handelsregister, wenn die Gesellschaft ein gewerbliches Unternehmen nach §§ 2, 3 betreibt, § 123 I, oder kraft Beginns der Geschäfte bei Betrieb eines Grundhandelsgewerbes, §§ 1, 123 II*] auf den Betrag einer bestimmten Vermögenseinlage [*§§ 171–173; 176*] beschränkt ist (Kommanditisten), während bei dem anderen Teile der Gesellschafter eine Beschränkung der Haftung nicht stattfindet (persönlich haftende Gesellschafter) [*sie vielmehr mit ihrem gesamten Privatvermögen wie ein OHG-Gesellschafter für Verbindlichkeiten der KG unbeschränkt haften, §§ 161 II, 128–130. Nur die BGB-Gesellschaft und die Erbengemeinschaft können nicht Mitglied einer KG werden. Wer Kommanditist ist, kann ein Dritter nur durch Einsicht in das Handelsregister, § 162 II, feststellen. Die KG, § 6, und die Komplementäre, sind stets Vollkaufleute. Der Kommanditist soll nach hM nicht Kaufmann sein, mit praktischen Folgen für die §§ 48ff, 348–352 und § 1027 II ZPO*].

(II) Soweit nicht in diesem [*§§ 162–177*] Abschnitt [*für den Kommanditisten, der nach dem gesetzlichen Leitbild bloß kapitalistisch beteiligt ist*] ein anderes vorgeschrieben ist [*namentlich, daß er von der Geschäftsführung, § 164, und der Vertretung, § 170, ausgeschlossen ist, falls der Gesellschaftsvertrag nichts anderes bestimmt, § 163, ferner daß er vom Wettbewerbsverbot befreit, § 165, und in Folge davon nur beschränkt informationsberechtigt, § 166, ist*], finden auf die [*nicht rechtsfähige, §§ 161 II, 124 I*] Kommanditgesellschaft die [*nach §§ 105–160*] für die offene Handelsgesellschaft geltenden Vorschriften [*einschließlich der ergänzenden Regeln der §§ 705ff BGB*] Anwendung. [*Daher gelten, abgesehen von § 177, die besonderen Regeln über die Auflösung der Gesellschaft, §§ 131 ff, über die Liquidation und Liquidatoren, §§ 145–158, das beschränkte Fortbestehen der Gesellschaft im Abwicklungsstadium, § 156, auch für die KG. Die Rechtsstellung des Komplementärs entspricht der eines OHG-Gesellschafters; auf ihn sind die Vorschriften der OHG, namentlich die §§ 125–130 anzuwenden.*]

§ 162 (Anmeldung zum Handelsregister)

(I) Die Anmeldung der Gesellschaft [*zur Eintragung in das Handelsregister, vgl. § 123 I, II, hat pflichtgemäß durch sämtliche Gesellschafter, §§ 161 II, 107, 108, zu erfolgen und*] hat außer den in § 106 Abs. 2 vorgesehenen Angaben die Bezeichnung der Kommanditisten und den Betrag der Einlage [*vgl. §§ 171, 172*] eines jeden von ihnen zu enthalten [*vgl. § 175*].

(II) Bei der Bekanntmachung [*§ 10*] der Eintragung ist nur die Zahl der [*nicht genannten*] Kommanditisten anzugeben [*da sie nur beschränkt mit ihrer Einlage haften*]; der Name, der Stand und der Wohnort der Kommanditisten sowie der Betrag ihrer Einlagen [*vgl. §§ 172, 175*] werden nicht bekanntgemacht. [*Wer Kommanditist ist, kann ein Dritter nur durch Einsicht in das Handelsregister feststellen. Der Kommanditist ist nicht Kaufmann; ein formlos geschlossener Bürgschaftsvertrag, § 350, ist unwirksam.*]

(III) Diese Vorschriften [*Abs. I, II*] finden im Falle des Eintritts eines Kommanditisten in eine bestehende Handelsgesellschaft [*vgl. §§ 173, 139*] und im Falle des Ausscheidens eines Kommanditisten aus einer Kommanditgesellschaft [*vgl. §§ 161 II, 143 II, 15 I und § 172 IV 1*] entsprechende Anwendung.

§ 163 (Innenverhältnis: Grundsatz der Vertragsfreiheit)

Für das Verhältnis der Gesellschafter untereinander [*das sog. Innenverhältnis besteht Vertragsfreiheit, daher*] gelten [*nur*] in Ermangelung abweichender Bestimmungen des Gesellschaftsvertrags [*die die Rechtsstellung des Kommanditisten einschränken oder auch verstärken können, z. B. dadurch daß sie ihm neben oder anstelle des Komplementärs Geschäftsführungsbefugnis einräumen*] die besonderen [*weitgehend nur für den Kommanditisten geltenden*] Vorschriften der §§ 164 bis 169 [*über den Ausschluß von der Geschäftsführung, § 164, die Freistellung vom Wettbewerbsverbot, § 165, ferner die besonderen Regeln über das beschränkte Informationsrecht, § 166, und die Gewinn- und Verlustbeteiligung, §§ 167–169. Im übrigen gilt für das Innenverhältnis ergänzend das Recht der OHG, §§ 110–122, 161 II, ins. hat der Kommanditist gleiches Stimmrecht wie der Komplementär, § 119 II*].

§ 164 (Keine Geschäftsführungsbefugnis für Kommanditisten)

(1) Die Kommanditisten sind [*soweit ihnen nicht vertraglich Geschäftsführungsbefugnis eingeräumt ist*] von der Führung der Geschäfte der Gesellschaft [*Begriff wie in § 114*] ausgeschlossen [*es sei denn, daß ein Kommanditist als Notgeschäftsführer iSd § 744 II BGB analog handelt*]; [*für Handlungen, die der gewöhnliche Betrieb des Handelsgewerbes der KG mit sich bringt, ist der Komplementär geschäftsführungsbefugt, denn*] sie können einer [*gewöhnlichen*] Handlung der persönlich haftenden Gesellschafter nicht widersprechen [*iSd § 115 I*], es sei denn, daß die [*sog. außergewöhnliche*] Handlung über den gewöhnlichen Betrieb des Handelsgewerbes der Gesellschaft hinausgeht [*dann kann der Kommanditist nicht nur widersprechen, sondern er muß analog § 116 II auch zustimmen, hM*]. (2) Die Vorschriften des § 116 Abs. 3 [*Erteilung und Widerruf der Prokura*] bleiben unberührt [*also grds. nur durch geschäftsführungsbefugte Gesellschafter ohne Mitwirkung des Kommanditisten. § 164 ist nicht zwingend. Durch Gesellschaftsvertrag kann die Geschäftsführungsbefugnis unter Ausschluß des Komplementärs sogar allein auf den oder die Kommanditisten übertragen werden*].

§ 165 (Kein Wettbewerbsverbot)

[*Der Kommanditist unterliegt keinem Wettbewerbsverbot, denn*] Die §§ 112 und 113 finden auf die Kommanditisten keine Anwendung. [*Die gesellschaftsvertragliche Treuepflicht kann jedoch im Einzelfall erfordern, besonders nachteiligen Wettbewerb zu unterlassen. Ist der Kommanditist kraft vertraglicher Regelung an der Geschäftsführung beteiligt, so ist damit stillschweigend ein §§ 112, 113 entsprechendes Wettbewerbsverbot vereinbart.*]

§ 166 (Kontrollrecht)

(I) Der Kommanditist [*und der stille Gesellschafter, § 338, haben im Gegensatz zu den nicht geschäftsführenden Gesellschaftern einer OHG, vgl. Abs. II m. § 118, ein nur beschränktes Informationsrecht; er*] ist [*nur*] berechtigt, die abschriftliche Mitteilung der jährlichen Bilanz zu verlangen und ihre Richtigkeit unter Einsicht der Bücher und Papiere zu prüfen [*vgl. Abs. III*].

(II) Die in § 118 dem von der Geschäftsführung ausgeschlossenen Gesellschafter eingeräumten weiteren Rechte [*auf persönliche Unterrichtung, Einsicht in die Handelsbücher und Papiere der Gesellschaft und eigene Anfertigung einer Bilanz*] stehen dem Kommanditisten nicht zu [*da sein beschränktes Haftungsrisiko, §§ 171, 172, keine volle Kenntnis der Gesellschaftsangelegenheiten erfordert*].

(III) Auf Antrag eines Kommanditisten kann das Gericht, wenn wichtige Gründe vorliegen, die Mitteilung einer Bilanz oder sonstiger Aufklärungen sowie die Vorlegung der Bücher und Papiere jederzeit anordnen.

§ 167 (Gewinn- und Verlustermittlung)

(I) [*Die Gesellschafter können Gewinn- und Verlustbeteiligung vertraglich regeln. Hilfsweise gelten die §§ 167–169. Grundsätzlich sind zunächst Gewinn oder Verlust der Gesellschaft rechnerisch zu ermitteln.*] Die Vorschriften des § 120 [*Abs. I*] über die Berechnung des Gewinns oder Verlustes [*durch bilanztechnische Aufstellung am Schluß des Geschäftsjahres*] gelten auch für den Kommanditisten. [*§ 168 bestimmt die rechnerische Ermittlung des Anteils der Gesellschafter. Gewinn oder Verlust werden dann dem Kapitalanteil des Gesellschafters zu- bzw. abgeschrieben, wobei für den Kommanditisten nach Abs. II zu verfahren ist. Ein Gewinn ist dann nach § 169 I 2 auszuzahlen.*]

(II) Jedoch wird [*im Unterschied zu § 120 Abs. II*] der einem Kommanditisten [*nach den Rechengrößen des § 168*] zukommende Gewinn seinem Kapitalanteil [*der nur eine Bruchteilszahl für seinen Anteil am Gesellschaftsvermögen im Verhältnis zu den anderen Gesellschaftern, nicht eine rechtlich selbständige Vermögensmasse ist*] nur so lange zugeschrieben, als dieser [*als Obergrenze*] den Betrag der [*im Gesellschaftsvertrage*] bedungenen Einlage [*iSd §§ 705, 706 BGB*] nicht erreicht. [*Dadurch wird verhindert, daß ein Kommanditist durch Hinzurechnung von Gewinnen seinen Kapitalanteil vergrößert. Schutz vor Ausgleichsanspruch: § 169 II.*]

(III) An dem Verluste [*der nach Maßgabe des § 168 II festgestellt und bewertet wird und als Passivposten von seinem Kapitalanteil abzuziehen ist*] nimmt der Kommanditist nur bis zum Betrage seines Kapitalanteils [*d. h. kein Minussaldo, str.*] und seiner noch rückständigen [*d. h. nicht geleisteten; beachte: § 172 IV 2*] Einlage [*iSd §§ 705, 706 BGB*] teil. [*Damit wird verhindert, daß der Kommanditist trotz Minussaldos im Auseinandersetzungsverfahren zum Nachschuß aus Privateinnahmen verpflichtet ist.*]

§ 168 (Gewinnverteilung)

(I) Die Anteile der Gesellschafter am Gewinne [*der nach §§ 167 I, 120 I festgestellt ist*] bestimmen sich [*wie bei der OHG*], soweit der Gewinn den Betrag von [*4%*] vier vom Hundert der Kapitalanteile nicht [*vgl. Abs. II*] übersteigt, nach den Vorschriften des § 121 Abs. 1 und 2 [*d. h., er wird dem Kapitalkonto unter Berücksichtigung von Leistungen und Entnahmen zugeschrieben. Beachte: § 167 II. Anspruch auf Auszahlung des Gewinnanteils: § 169 I 2*].

(II) In Ansehung des Gewinns, welcher diesen Betrag [*von 4%*] übersteigt, sowie in Ansehung des Verlustes [*beachte für den Kommanditisten: § 167 III*] gilt, soweit nicht ein anderes vereinbart ist, ein den Umständen nach angemessenes Verhältnis der Anteile als bedungen [*und nicht wie bei der OHG das Kriterium der Verteilung nach Köpfen, § 121 II*].

§ 169 (Anspruch auf Auszahlung des Gewinnanteils)

(I[1]) [*Da bei der typischen KG allein die Komplementäre mitarbeiten und sämtliche Risiken tragen, während der Kommanditist nur mit seiner Einlage haftet, hat er nach der gesetzlichen Regelung kein Entnahmerecht. Denn*] § 122 [*Abs. I 1. Alt: das Recht auf Entnahme aus der Gesellschaftskasse*] findet auf den Kommanditisten keine Anwendung. ([2]) Dieser hat [*in Anbetracht des geringeren Haftungsrisikos*] nur Anspruch auf Auszahlung des ihm [*nach §§ 167, 168*] zukommenden Gewinns; [*wo die Gesellschaft durch sofortige Fälligkeit des Gewinnanspruchs in unzumutbare wirtschaftliche Schwierigkeiten zu geraten droht, kann ihr unter dem Gesichtspunkt der Treuepflicht ein Leistungsverweigerungsrecht zugestanden werden. Zum Schutz der KG:*] er kann auch die Auszahlung des Gewinns nicht fordern, solange sein Kapitalanteil durch Verlust unter den auf die bedungene Einlage geleisteten Betrag herabgemindert ist oder durch die Auszahlung unter diesen Betrag herabgemindert werden würde.

(II) Der Kommanditist ist nicht verpflichtet, den [*nach Abs. I S 2*] bezogenen Gewinn wegen späterer Verluste [*vgl. § 172 V*] zurückzuzahlen. [*Bei Überzahlungen kann aus Bereicherung geklagt werden. Allerdings ist § 819 BGB zu beachten.*]

§ 170 (Keine Vertretung der KG durch Kommanditisten)

Der Kommanditist ist [*nach der zwingenden Regelung des § 170*] zur [*sog. organschaftlichen*] Vertretung der Gesellschaft nicht ermächtigt [*und kann nur rechtsgeschäftlicher Vertreter, ins. Prokurist oder Handlungsbevollmächtigter, werden. Vertreter der KG kraft Gesetzes ist nur der persönlich haftende Gesellschafter, §§ 170, 161 II, 125ff*].

§ 171 (Die beschränkte Haftung des Kommanditisten)

(I[1. HS]) Der Kommanditist [*auch der später eingetretene, § 173*] haftet [*iSd §§ 128, 129*] den Gläubigern der Gesellschaft [*d. h., er ist gesamtschuldnerisch neben den übrigen Gesellschaftern verpflichtet, Verbindlichkeiten der KG, die nach Eintragung der Gesellschaft, vgl. § 176 I, und seiner Haftsumme im Handelsregister während seiner Mitgliedschaft entstanden sind, zu erfüllen, allerdings summenmäßig begrenzt nur*] bis zur Höhe seiner [*noch nicht geleisteten, im Register eingetragenen, § 172 I, Haft-*]Einlage [*hierbei haftet er nach allgemeinen Grundsätzen*] unmittelbar [*d. h. muß insoweit auch die Zwangsvollstreckung in sein Privatvermögen dulden*]; [[2. HS]] die Haftung [*nach §§ 128, 129*] ist ausgeschlossen, soweit die [*Haft-*]Einlage [*bis zur Höhe des im Register vermerkten Betrages, § 172 I*] geleistet ist [*und ihm nicht zurückgewährt worden ist, § 172 IV. Die Einlage kann durch Geld, Sach- oder Dienstleistungen sowie durch Befriedigung eines beliebigen Gesellschaftsgläubigers erbracht werden. Hat ein Kommanditist einen Gesellschaftsgläubiger nach § 171 befriedigt, erwirbt er nach § 110 I einen Erstattungsanspruch in voller Höhe gegen die KG. Die subsidiären Rück-*

griffsansprüche gegen die übrigen Gesellschafter ergeben sich aus § 426 BGB. Zum Umfang des Regresses: vgl. § 128. Der ausgeschiedene Kommanditist haftet gemäß §§ 171, 159 längstens fünf Jahre für Gesellschaftsschulden, die bis zur Eintragung seines Ausscheidens im Handelsregister entstanden sind, §§ 161 II, 143 II, 15 I. Der Komplementär haftet gemäß §§ 161, 128 für die Verbindlichkeiten der KG. Auch der Kommanditist, der im Gegensatz zum gesetzlichen Normalbild, §§ 164, 170, das Unternehmen leitet, haftet nur beschränkt gemäß § 171 und nicht wegen der komplementärähnlichen Funktion unbeschränkt, str.].

(II) Ist über das Vermögen der Gesellschaft [*§§ 161 II, 124 I*] der Konkurs eröffnet [*vgl. §§ 209 ff KO*], so wird während der Dauer des Verfahrens das den Gesellschaftsgläubigern nach Absatz 1 zustehende Recht [*um ihre gleichmäßige Befriedigung sicherzustellen*] durch den Konkursverwalter [*als fremdes Recht im eigenen Namen für fremde Rechnung*] ausgeübt.

§ 172 (Umfang der beschränkten Haftung)

(I) Im [*Außen-*]Verhältnisse zu den Gläubigern der Gesellschaft [*§§ 161 II, 124*] wird nach der Eintragung [*der KG, der Bezeichnung des Kommanditisten und der Haftsumme*] in das Handelsregister [*vgl. § 162 I, II*] die [*Höhe der noch nicht geleisteten Haft-*]Einlage eines Kommanditisten [*iSd § 171 I 1. HS*] durch den in der Eintragung [*als Haftsumme*] angegebenen Betrag bestimmt [*nicht maßgeblich ist hingegen der Betrag der gesellschaftsvertraglich vereinbarten Pflichteinlage iSd §§ 161 II, 105 II, § 706 BGB*].

(II) Auf eine nicht [*pflichtgemäß, § 175*] eingetragene [*vgl. Abs. I*] Erhöhung der aus dem Handelsregister ersichtlichen Einlage können sich die Gläubiger [*der KG*] nur berufen, wenn die Erhöhung in handelsüblicher Weise kundgemacht oder ihnen in anderer Weise von der Gesellschaft mitgeteilt worden ist.

(III) Eine [*interne*] Vereinbarung der Gesellschafter, durch die einem Kommanditisten die Einlage erlassen oder gestundet wird, ist den Gläubigern gegenüber unwirksam [*hier ist allein der im Register als Hafteinlage vermerkte Betrag maßgeblich*].

(IV[1]) Soweit die Einlage eines Kommanditisten zurückbezahlt wird [*dafür reicht jede Zuwendung der KG an den Kommanditisten aus, durch die dem Gesellschaftsvermögen Werte im Betrag bis zur Höhe der Einlage ohne Gegenleistung entzogen werden oder daß einem ausgeschiedenen Kommanditisten sein Abfindungsguthaben, § 738 I 2 BGB, ausbezahlt worden ist*], gilt sie den Gläubigern [*der Gesellschaft*] gegenüber [*iSd § 171 I 2. HS*] als nicht geleistet [*lebt also die persönliche Haftung für Gesellschaftsschulden bis zur Höhe der Hafteinlage, § 171 I 1. HS wieder auf. Von dieser Haftung kann er sich durch erneute Leistung seiner Einlage befreien, § 171 I*]. ([2]) Das gleiche gilt [*ihn trifft also wieder die persönliche Haftung nach §§ 128, 171*], soweit ein Kommanditist [*der seine Einlage voll geleistet hat*] Gewinnanteile entnimmt, während sein Kapitalanteil durch Verlust [*der Gesellschaft*] unter den Betrag der geleisteten Einlage herabgemindert ist, oder soweit durch die Entnahme der Kapitalanteil unter den bezeichneten Betrag [*der geleisteten Einlage*] herabgemindert wird. [*Vgl. § 167 II.*]

(V) Was ein Kommanditist [*bei Verlusten der Gesellschaft*] auf Grund einer in gutem Glauben errichteten Bilanz in gutem Glauben als Gewinn bezieht, ist er in keinem Falle zurückzuzahlen verpflichtet [*d.h., seine persönliche Haftung lebt nach Abs. IV nicht wieder auf*].

§ 173 (Beschränkte Haftung des eintretenden Kommanditisten)

(I) Wer in eine [*bei Betrieb eines Grundhandelsgewerbes kraft Geschäftsbeginn, §§ 161 II, 123 II, oder bei anderen Gewerbe, §§ 2, 3 II, kraft Eintragung im Handelsregister, §§ 161 II, 123 I*] bestehende Handelsgesellschaft [*KG oder OHG, die durch den Eintritt zur KG wird*] als Kommanditist [*durch Aufnahmevertrag mit den übrigen Gesellschaftern oder Abtretung der Kommanditistenbeteiligung, str.*] eintritt, haftet [*abgesehen von der Sonderregelung des § 139 IV, ab Eintragung seines Beitritts beschränkt*] nach Maßgabe der §§ 171 und 172 [*bis zur Höhe seiner später im Register eingetragenen Haftsumme, hM, soweit er sie noch nicht geleistet hat, unabdingbar, Abs. II, im Interesse der Rechtssicherheit auch*] für die vor seinem Eintritte [*Abschluß des Aufnahmevertrages*] begründeten Verbindlichkeiten der Gesellschaft [*§§ 124 I, 161 II*], ohne Unterschied, ob die Firma [*§ 19*] eine Änderung erleidet oder nicht. [*Für Verbindlichkeiten, die zwischen Abschluß des Aufnahmevertrages und der Eintragung des Eintritts in das Handelsregister entstanden sind, haftet er nach § 176 II grds. unbeschränkt. Wird der in eine KG eingetretene Gesellschafter nach § 173 in Anspruch genommen, so erwirbt er einen Regreßanspruch aus § 110 I gegen die KG. Vgl. dazu näher die Anm. zu §§ 171, 130. Haftung des in eine bestehende Handelsgesellschaft eintretenden Komplementärs: §§ 161 II, 130 I.*]

(II) Eine entgegenstehende Vereinbarung ist Dritten gegenüber unwirksam. [*Vgl. dazu § 130 II.*]

§ 174 (Herabsetzung der Hafteinlage)

Eine Herabsetzung der Einlage [*Haftsumme*] eines Kommanditisten [*§ 171 I 1. HS*] ist, solange sie nicht in das Handelsregister des Gerichts, in dessen Bezirke die Gesellschaft ihren Sitz hat, [*pflichtgemäß, § 175*] eingetragen ist, den Gläubigern [*der KG*] gegenüber unwirksam [*vielmehr bleibt die im Register eingetragene Haftsumme maßgebend*]; Gläubiger, deren Forderungen [*§§ 161 II, 124 I*] zur Zeit der Eintragung begründet waren, [*ihnen gegenüber haftet der Kommanditist in alter Höhe weiter*] brauchen die Herabsetzung nicht gegen sich gelten zu lassen.

§ 175 (Anmeldung der Erhöhung und Herabsetzung der Hafteinlage)

(I) Die Erhöhung [*vgl. § 172 II*] sowie die Herabsetzung [*§ 174*] einer Einlage [*Haftsumme*] ist durch die sämtlichen Gesellschafter zur Eintragung in das Handelsregister anzumelden. (2) Die Bekanntmachung der Eintragung [*der Erhöhung und Herabsetzung*] erfolgt gemäß § 162 Abs. 2 [*ohne Angabe des Betrages. Dritte können sich nur durch Einsicht des Registers Kenntnis verschaffen*]. (3) Auf die Eintragung in das Handelsregister des Sitzes der Gesellschaft finden die Vorschriften des § 14 keine Anwendung.

§ 176 (Die unbeschränkte Haftung des Kommanditisten vor Eintragung oder bei Eintritt)

(I[1]) Hat die Gesellschaft [*vorausgesetzt sie betreibt ein Grundhandelsgewerbe iSd § 1 II, vgl. S 2*] ihre [*vollkaufmännischen, § 4 II, I*] Geschäfte begonnen, bevor sie in das Handelsregister des Gerichts, in dessen Bezirke sie ihren Sitz hat, eingetragen ist [*vgl. §§ 161 II, 123 II, I*], so haftet [*neben der KG und den Komplementären, §§ 161 II, 124 I, 128, zum Schutze des Rechtsverkehrs vor nicht durch Registereintrag verlautbarten Haftungsbeschränkungen*] jeder Kommanditist, der dem Geschäftsbeginne zugestimmt hat, für die bis zur Eintragung [*auch außerhalb des Geschäftsverkehrs, hM*] begründeten Verbindlichkeiten der Gesellschaft [*§§ 161 II, 124 I*] gleich einem persönlich haftenden Gesellschafter [*§§ 128, 129, 161 II*], es sei denn, daß seine Beteiligung als Kommanditist dem Gläubiger [*bei der Entstehung der Verbindlichkeit auch ohne Registereintrag*] bekannt war [*in diesem Falle haftet er nur beschränkt, solange er seine Einlage noch nicht geleistet hat, § 171 I*]. ([2]) Diese Vorschrift [*der unbeschränkten Haftung des Kommanditisten nach S 1 iVm §§ 128, 129*] kommt nicht zur Anwendung, soweit sich aus § 2 [*und § 3 II*] ein anderes [*für die BGB-Gesellschaft, die kein Grundhandelsgewerbe iSd § 1 II betreibt, ihren Geschäftsbetrieb jedoch schon vor der Eintragung ins Handelsregister, §§ 161 II, 123 II, I, begonnen hat*] ergibt [*d.h., der Scheinkommanditist haftet als BGB-Gesellschafter für vertragsmäßige Verbindlichkeiten nach §§ 714, 427, 421 BGB unbeschränkt persönlich. Daneben kommt eine Haftung aus Rechtsschein in Frage. Strittig ist dann der Haftungsumfang des Scheinkommanditisten. BGHZ 69, 179 ff. wandte §§ 171 I 1. HS, 172 I an und ließ den Gesellschafter nur entsprechend der Rechtsstellung eines Kommanditisten bis zur Höhe seiner als eingetragen zu unterstellenden Einlage haften. Nach anderer Ansicht wird auch in diesen Fällen die Rechtsscheinhaftung aus § 176 I 1 abgeleitet, also unbeschränkt wie ein nicht eingetragener Kommanditist*].

(II) Tritt ein Kommanditist [*durch Aufnahmevertrag mit den übrigen Gesellschaftern, § 705 BGB*] in eine [*bei Betrieb eines Grundhandelsgewerbes kraft Geschäftsbeginns, §§ 161 II, 123 II, oder sonst kraft Eintragung der Gesellschaft im Handelsregister, §§ 161 II, 123 I, 2, 3 II*] bestehende Handelsgesellschaft [*KG oder OHG, die durch den Eintritt zur KG wird*] ein [*führt die KG ihr Handelsgewerbe mit erweitertem Gesellschafterbestand fort und ist den Gesellschaftsgläubigern die Beteiligung des Eintretenden als Kommanditist nicht bekannt*], so findet die Vorschrift des Absatzes 1 Satz 1 [*unbeschränkte Haftung gemäß §§ 128, 129, 161 II*] für die in der Zeit zwischen seinem Eintritt [*Abschluß des Aufnahmevertrages*] und dessen Eintragung in das Handelsregister [*§ 162 III*] begründeten Verbindlichkeiten der Gesellschaft [*§§ 161 II, 124 I*] entsprechende Anwendung [*vorausgesetzt der Kommanditist hat der Fortführung der Geschäfte in der geänderten Zusammensetzung, also auch auf seine Rechnung zugestimmt*].

§ 177 (Der Tod eines Kommanditisten)

Der Tod eines Kommanditisten hat die Auflösung der Gesellschaft [*nach § 131 Ziff. 4*] nicht zur Folge [*vielmehr geht der Kommanditistenanteil auf den oder die Erben über, falls der Gesellschaftsvertrag nicht die Fortsetzung der Gesellschaft ohne die Er-*

ben unter den verbleibenden Gesellschaftern, u. U. unter Ausschluß von Abfindungsansprüchen, §§ 738 I 2 BGB, §§ 105 II, 161 II, vorsieht. Der in eine bestehende KG eintretende Erbe haftet nach § 173, str.].

§ 177a (Zahlungsunfähigkeit, Überschuldung der KG)

Die §§ 130a und 130b gelten auch für die Gesellschaft, bei der ein Kommanditist eine natürliche Person ist.

Dritter Abschnitt
Aktiengesellschaft

§§ 178–319 (aufgehoben)

Vierter Abschnitt
Kommanditgesellschaft auf Aktien

§§ 320–334 (aufgehoben)

Fünfter Abschnitt
Stille Gesellschaft

[§§ 335–342]

[Die stille Gesellschaft ist eine sog. Innengesellschaft bürgerlichen Rechts ohne Gesamthandsvermögen. Hilfsweise gelten die §§ 705 ff BGB, wobei ins. § 717 BGB und die Vorschriften über die Auflösung, §§ 723 ff, 730 ff BGB, anzuwenden sind. Ausnahmen: § 714 f BGB: dafür § 335 II, und §§ 718–720 BGB, die durch das Konzept des § 335 I ersetzt werden. Pflichten des Geschäftsinhabers: Führung der Geschäfte ohne besondere Vergütung. Pflichten des Stillen: § 335 I; Mitarbeitspflicht nur in atypischer stiller Gesellschaft. Haftung aus Verpflichtungsgeschäften: § 335 II.]

§ 335 (Die stille Gesellschaft als Innengesellschaft)

(1) Wer sich [*unproblematisch bei klarer vertraglicher Abrede. Vielfach kann Vermögenszuwendung als Darlehns- oder Dienstvertrag gegen Gewinnanteil – sogenannte partiarische Rechtsverhältnisse, vgl. Anm. zu § 705 BGB – gesehen werden und deshalb nach §§ 607 ff, 611 ff BGB zu beurteilen sein. Der Unterschied liegt in der Vereinbarung der Verlustbeteiligung und den eingeräumten Kontrollrechten zugunsten des Geldgebers, die bei partiarischen Rechtsverhältnissen fehlt*] als stiller [*d. h. keine Publizität, da der Geldgeber nicht ins Register eingetragen wird*] Gesellschafter [*durch wirksamen stillen Gesellschaftsvertrag, der auf die Beteiligung von zwei Gesellschaftern beschränkt ist. Minderjährige bedürfen der Genehmigung des Vormundschaftsgerichts, §§ 1643, 1822 Nr. 3 BGB, str. Keine Formpflicht, wohl aber nach §§ 313, 518 BGB. Bei Unwirksamkeit des Vertrages können die Regeln über die faktische Gesellschaft angewandt werden, hM, so daß von der Wirksamkeit des Vertrages bis zur Kündigung, § 723 f BGB, § 339, auszugehen ist. Vertragsfähig ist als Stiller die natürliche Person, die*

juristische Person, die OHG, KG, § 124 I, Gesamthandsgemeinschaften wie die BGB-Gesellschaft und die Erbengemeinschaft. Für den Geschäftsinhaber gilt dasselbe] an dem [*auch minderkaufmännischen, §§ 4 II; I*] Handelsgewerbe [*§§ 1, 2, 3, 5*], das ein anderer [*Abs. II*] betreibt, mit einer Vermögenseinlage [*die in Geld, Sach- oder Dienstleistungen bestehen kann*] beteiligt, hat die Einlage so zu leisten, daß sie [*z. B. gemäß §§ 398, 929 BGB etc.*] in das Vermögen des Inhabers des Handelsgeschäfts übergeht [*so daß Gesamthandseigentum, §§ 718–720 BGB, ausgeschlossen ist. Berechtigter ist allein der Geschäftsinhaber. Zur Haftung: s. Abs. II. Im Innenverhältnis sind die Gesellschaftsregeln, ins. §§ 730ff BGB, für die Auseinandersetzung anwendbar, vgl. § 339. Gewinn- und Verlustbeteiligung des Stillen: §§ 336 II, 340 I bzw. §§ 337 II, 340 II 2*].

(II) Der Inhaber [*des Handelsgeschäftes handelt im eigenen Namen und ohne Bindung durch §§ 714 f, 719 BGB mit Wirkung für und gegen sich, d. h. er*] wird aus den in dem Betriebe geschlossenen [*Rechts-*]Geschäften allein berechtigt [*z. B. nach §§ 929 ff, 873 ff BGB*] und verpflichtet. [*Im Außenverhältnis haftet der Stille nicht, kann aber intern am Verlust beteiligt sein, s. §§ 337 II, 340 I. Grenzen der Rechtsmacht des Inhabers: die Veräußerung, Stillegung oder Zweckänderung des Geschäftsbetriebs ohne Zustimmung des Stillen ist intern unzulässig, nach außen aber voll wirksam.*]

§ 336 (Gewinn- und Verlustbeteiligung)

(I) Ist der Anteil des stillen Gesellschafters am Gewinn [*beteiligt ist er nur an dem speziell betriebsbedingten Gewinn*] und Verluste [*sofern er an einem Verluste teilnehmen soll, Abs. II; gar*] nicht [*oder nicht nach anderen Rechengrößen*] bestimmt, so gilt ein den Umständen nach »angemessener Anteil« als bedungen.

(II) Im Gesellschaftsvertrage kann bestimmt werden, daß der stille Gesellschafter nicht am Verluste beteiligt sein soll; seine Beteiligung am Gewinne kann [*da eine derartige Regelung nicht mit dem Typus der stillen Gesellschaft vereinbar ist*] nicht ausgeschlossen werden. [*Eine entsprechende Klausel macht den Vertrag nicht unwirksam, doch kann dann von einer stillen Gesellschaft keine Rede sein. Geldhingabe unter Gewinnausschluß kann Darlehen sein.*]

§ 337 (Gewinn- und Verlustberechnung)

(I) Am Schlusse jedes Geschäftsjahrs wird der Gewinn und Verlust [*nach den Kriterien des § 336 I*] berechnet und der auf den stillen Gesellschafter fallende Gewinn ihm [*Parallelregelung: § 169*] ausbezahlt. [*Der Gewinnauszahlungsanspruch kann nach Abs. II S 2 2. HS entfallen.*]

(II[1]) Der stille Gesellschafter nimmt [*ähnlich einem Kommanditisten, vgl. § 167 III*] an dem Verluste nur bis zum Betrage seiner eingezahlten oder rückständigen Einlage teil. (21. HS) Er ist nicht verpflichtet, den bezogenen Gewinn wegen späterer Verluste zurückzuzahlen; (22. HS) jedoch wird, solange seine Einlage durch Verlust vermindert ist, der jährliche Gewinn zur Deckung des Verlustes verwendet [*und nicht nach Abs. I ausbezahlt. Vgl. zum Auseinandersetzungsguthaben: § 340 I*].

(III) Der Gewinn, welcher von dem stillen Gesellschafter nicht erhoben wird, vermehrt dessen Einlage nicht, sofern nicht ein anderes vereinbart ist.

§ 338 (Kontrollrechte)

(I) [*Die Vorschrift entspricht § 166, s. Anm. dort.*] Der stille Gesellschafter ist [*nur während seiner Mitgliedschaft*] berechtigt, die abschriftliche Mitteilung der jährlichen Bilanz zu verlangen und ihre Richtigkeit unter Einsicht der Bücher und Papiere zu prüfen.

(II) Die in § 716 des Bürgerlichen Gesetzbuchs dem von der Geschäftsführung ausgeschlossenen Gesellschafter eingeräumten weiteren Rechte stehen dem stillen Gesellschafter nicht zu.

(III) Auf Antrag des stillen Gesellschafters kann das Gericht, wenn wichtige Gründe vorliegen, die Mitteilung einer Bilanz oder sonstiger Aufklärungen sowie die Vorlegung der Bücher und Papiere jederzeit anordnen.

§ 339 (Beendigung der stillen Gesellschaft)

[*Die §§ 723–728 BGB regeln – modifiziert durch § 339 – die Beendigung der stillen Gesellschaft. Auflösungsgründe sind: 1. einvernehmliche Beendigung durch Auflösungsbeschluß; 2. Zeitablauf, § 724 BGB; 3. Erreichen oder Unmöglichwerden des Gesellschaftszwecks, § 726 BGB – Gegensatz zur OHG und KG; 4. Kündigung durch einen Gesellschafter, §§ 723, 724 BGB iVm § 339 I; 5. Kündigung durch einen Gesellschaftergläubiger, § 725 BGB iVm § 339 I 1; 6. durch Tod des Geschäftsinhabers, § 727 BGB; bei Tod des stillen Gesellschafters keine Beendigung, § 339 II; 7. durch Konkurs eines Mitglieds der Gesellschaft, § 728 BGB iVm §§ 341, 342.*]

(I[1]) Auf die [*ordentliche*] Kündigung der [*stillen*] Gesellschaft [*wenn die Gesellschaft für unbestimmte Zeit, § 723 I 1 BGB, oder auf Lebenszeit eines Gesellschafters, § 724 BGB, eingegangen ist*] durch einen der Gesellschafter [*durch stillen Gesellschafter oder Geschäftsinhaber*] oder durch einen [*Privat-*]Gläubiger des stillen Gesellschafters [*§ 725 BGB*] finden [*nur für Kündigungsfrist und -termin bzw. vergeblichen Befriedigungsversuch die abweichenden*] Vorschriften der §§ 132, 134 [*sechsmonatige Kündigungsfrist für den Schluß eines Geschäftsjahres*] und 135 [*erforderlich ist abweichend von § 725 BGB ein Vollstreckungsversuch*] entsprechende Anwendung. [*Auch nach der Kündigung bleibt die stille Gesellschaft als Liquidationsgesellschaft fortbestehen, bis die schwebenden Geschäfte, § 340 II, abgewickelt sind. Anspruch auf ein Auseinandersetzungsguthaben: § 340 I.*] ([2]) Die Vorschriften des § 723 des Bürgerlichen Gesetzbuchs über das Recht [*des Stillen und des Geschäftsinhabers*], die Gesellschaft [*die für eine bestimmte Zeit eingegangen ist*] aus wichtigen Gründen ohne Einhaltung einer Frist zu kündigen, bleiben unberührt.

(II) Durch den Tod des [*Geschäftsinhabers wird die Gesellschaft nach § 727 BGB aufgelöst; bei Tod des*]$_8$ stillen Gesellschafters wird die Gesellschaft nicht aufgelöst. [*Die Fortsetzung der stillen Gesellschaft über den Tod des Stillen hinaus geschieht durch Einrücken der Erben in die Gesellschafterstellung des Verstorbenen.*]

§ 340 (Auseinandersetzung)

(I) Nach der Auflösung der [*stillen*] Gesellschaft [*durch die Auflösungsgründe der §§ 723–728 BGB, § 339*] hat [*da es kein gemeinsames Vermögen gibt, sondern sich die typische stille Gesellschaft auf schuldrechtliche Beziehungen zwischen zwei Personen beschränkt*] sich der Inhaber des Handelsgeschäfts mit dem stillen Gesellschafter auseinanderzusetzen [*dies erfolgt mangels abweichender vertraglicher Regelung nicht nach §§ 730ff BGB, sondern nur durch Geldauszahlung nach § 340*] und dessen Guthaben [*das aufgrund einer Auseinandersetzungsbilanz zu ermitteln ist, s. § 340 II*] in Geld zu berichtigen. [*Bei Verlust schuldet der Stille nicht, s. § 337 II.*]

(II[1]) Die zur Zeit der Auflösung schwebenden Geschäfte werden von dem Inhaber des Handelsgeschäfts abgewickelt. ([2]) Der stille Gesellschafter nimmt teil an dem Gewinn und Verluste, der sich aus diesen Geschäften ergibt.

(III) Er kann am Schlusse jedes Geschäftsjahrs Rechenschaft über die inzwischen beendigten Geschäfte, Auszahlung des ihm gebührenden Betrags und Auskunft über den Stand der noch schwebenden Geschäfte verlangen.

§ 341 (Konkurs des Geschäftsinhabers)

(I) Wird über das Vermögen des Inhabers des Handelsgeschäfts der Konkurs eröffnet [*der die stille Gesellschaft stets auflöst, § 728 BGB*], so kann der stille Gesellschafter wegen der Einlage, soweit sie den Betrag des auf ihn fallenden Anteils am Verlust übersteigt [*Stichtag für die Auseinandersetzungsbilanz: Tag der Konkurseröffnung*], seine Forderung [*§ 340, nur*] als [*nicht bevorrechtigter*] Konkursgläubiger geltend machen. [*Eine Aussonderung, § 43, KO, bzgl. seiner Einlage kommt nicht in Betracht, da er erst nach Erfüllung des schuldrechtlichen Rückübertragungsanspruchs Eigentümer wird.*]

(II) Ist die Einlage rückständig, so hat sie der stille Gesellschafter bis zu dem Betrage, welcher zur Deckung seines Anteils am Verlust erforderlich ist, zur Konkursmasse einzuzahlen.

§ 342 (Besonderes Anfechtungsrecht des Konkursverwalters bei Inhaberkonkurs)

(I[1]) Ist auf Grund einer in dem letzten Jahre vor der Eröffnung des Konkurses [*über das Vermögen des Geschäftsinhabers, § 728 BGB*] zwischen dem Inhaber des Handelsgeschäfts und dem stillen Gesellschafter getroffenen [*Sonder-*]Vereinbarung [*selbständiger Vertrag; Rückgewährspflicht aus Gesellschaftsvertrag genügt jedenfalls nicht*] diesem die Einlage ganz oder teilweise zurückgewährt [*oder auch nur sicherungsübereignet bzw. zur Sicherheit abgetreten worden. Grund: Schutz der Gläubiger vor Masseschmälerungen*] oder sein Anteil an dem entstandenen Verluste ganz oder teilweise erlassen worden, so kann die Rückgewähr oder der Erlaß von dem Konkursverwalter [*als Vervollständigung der §§ 29–42 KO*] angefochten werden [*Abs. III*]. ([2]) Es begründet keinen Unterschied, ob die Rückgewähr oder der Erlaß unter Auflösung [*z. B. § 723 BGB: Kündigung*] der Gesellschaft [*zum Zwecke der Begünstigung des stillen Gesellschafters*] stattgefunden hat oder nicht.

(II) Die Anfechtung [*aufgrund des besonderen Konkursanfechtungsrechtes des*

§ 342 I] ist ausgeschlossen, wenn der Konkurs in Umständen seinen Grund hat, die [*zeitlich*] erst nach der Vereinbarung [*Abs. I*] der Rückgewähr oder des Erlasses eingetreten sind.

(III) Die Vorschriften der Konkursordnung über die Geltendmachung der Anfechtung [*§§ 29ff KO*] und deren Wirkung [*§ 37 KO*] finden Anwendung.

Inhaltsverzeichnis

Bürgerliches Gesetzbuch

Erstes Buch. Allgemeiner Teil

Erster Abschnitt. Personen

Zweiter Titel. Juristische Personen §§ 21–89
I. Vereine §§ 21–79
1. Allgemeine Vorschriften §§ 21–54
2. Eingetragene Vereine §§ 55–79
II. Stiftungen §§ 80–88
III. Juristische Personen des öffentlichen Rechtes § 89

Zweites Buch. Recht der Schuldverhältnisse §§ 241–853

Siebenter Abschnitt. Einzelne Schuldverhältnisse

Vierzehnter Titel. Gesellschaft §§ 705–740
Fünfzehnter Titel. Gemeinschaft §§ 741–758

Handelsgesetzbuch

Zweites Buch. Handelsgesellschaften und stille Gesellschaft §§ 105–342

Erster Abschnitt. Offene Handelsgesellschaft §§ 105–160

Erster Titel. Errichtung der Gesellschaft §§ 105–108
Zweiter Titel. Rechtsverhältnis der Gesellschafter untereinander §§ 109–122
Dritter Titel. Rechtsverhältnis der Gesellschafter zu Dritten §§ 123–130b
Vierter Titel. Auflösung der Gesellschaft und Ausscheiden von Gesellschaftern §§ 131–144
Fünfter Titel. Liquidation der Gesellschaft §§ 145–158
Sechster Titel. Verjährung §§ 159, 160

Zweiter Abschnitt. Kommanditgesellschaft §§ 161–177a

Dritter und Vierter Abschnitt *(aufgehoben)*

Fünfter Abschnitt. Stille Gesellschaft §§ 335–342

Sachverzeichnis

(Die Zahlen bezeichnen die Paragraphen)

Abschrift aus dem Vereinsregister 79 BGB
Actio pro socio 705 BGB
Aktivlegitimation der offenen Handelsgesellschaft 124 HGB
Amtsgericht, Ergänzung des Vereinsvorstandes 29 BGB; Ermächtigung zur Einberufung der Mitgliederversammlung 37 BGB; Vereinsregister 21, 55 BGB; Zeugnis über Vereinsvorstand 69 BGB; Zuständigkeit in Vereinssachen 60 ff., 66, 69, 72 BGB; sonstige Zuständigkeit 73 BGB; Zwangsgeld gegen Vereinsvorstand 78 BGB
Änderung der Satzung des Vereins 71 BGB; des Vereinsvorstandes 67 BGB
Anfall des Stiftungsvermögens 88 BGB; des Vereinsvermögens 45 ff. BGB
Anmeldung der Auflösung eines Vereins 74 BGB; der Liquidatoren des Vereins 76 BGB; des Vereins 59 BGB, Zurückweisung 60 BGB; zum Vereinsregister 55 ff. BGB, Form 77 BGB; der Vorstandsänderung 67 BGB
Anstalten des öffentlichen Rechts, Schadenshaftung für Organe 89 BGB
Anteil an der Gemeinschaft 742, 743, 747, 751 BGB; am Gesellschaftsvermögen 719, 722, 725, 738 BGB
Antrag auf Konkurs- oder Vergleichseröffnung, Strafvorschriften 130b BGB
Anwachsung des Anteils am Gesellschaftsvermögen 738 BGB
Aufforderung der Gläubiger eines aufgelösten Vereins 50 BGB
Aufgaben der Liquidatoren eines Vereins 49 BGB
Aufhebung der Gemeinschaft 749 ff. BGB; der Stiftung 87 BGB
Auflösung der Gesellschaft (BGB-Gesellschaft) 723–729 BGB; der Offenen Handelsgesellschaft, Geschäftsführung 136 BGB; des Vereins 41, 45, 74 BGB
Aufrechnung gegen Gesellschaftsforderungen 719 BGB
Aufwendungen des Gesellschafters der Offenen Handelsgesellschaft 110 HGB; des Vereinsvorstandes 27 BGB
Auseinandersetzung der Gemeinschaft, Ausschluß 750, 751 BGB; zwischen Gesellschaften 730–735, 738 ff. BGB
Auskunftspflicht des Gesellschafters 713, 740 BGB
Ausländische Vereine 23 BGB
Ausscheiden eines Gesellschafters (BGB-Gesellschaft) 736 ff. BGB, (OHG) 138 HGB
Ausschließung der Auseinandersetzung bei der Gemeinschaft 750, 751 BGB; eines Gesellschafters (BGB-Gesellschaft) 737 ff. BGB, (OHG) 140 HGB

Beendigung der Gesellschaft 726 BGB
Beglaubigung aus dem Vereinsregister 79 BGB
Beiträge des Gesellschafters 705 ff. BGB; von Mitgliedern eingetragener Vereine 58 BGB
Bekanntmachung der Auflösung des Vereins und der Entziehung der Rechtsfähigkeit 50 BGB; der Eintragung des Vereins 66 BGB
Berufung der Vereinsversammlung 36, 37, 58 BGB

Sachverzeichnis

Beschädigung, Ersatz 718 BGB
Beschlußfassung der Offenen Handelsgesellschaft 119 HGB; der Vereinsmitgliederversammlung 32 ff. BGB; des Vereinsvorstandes 28, 70 BGB
Bestellung des Vorstandes eines Vereins 27 BGB
Beurkundung, notarielle B. 81 BGB
Bilanz der Offenen Handelsgesellschaft 120, 154 HGB; der Stillen Gesellschaft 338 HGB
Billiges Ermessen, Verwaltung und Benutzung der gemeinschaftlichen Sache nach b. E. 745 BGB
Bruchteil, Gemeinschaft nach B. 741 bis 758 BGB
Bürgerlich-rechtliche Gesellschaft 705 bis 740 BGB

Culpa in concreto 708 BGB

Dienste eines Gesellschafters 706, 733 BGB

Eingetragener Verein 21, 51 bis 79 BGB
Einlagen in die bürgerlich-rechtliche Gesellschaft 705 ff., 732 ff. BGB; in die Kommanditgesellschaft 161, 162, 167, 171, 172, 175 HGB; in die Offene Handelsgesellschaft 111, 121, 139 HGB; des stillen Gesellschafters 335, 337, 341, 342 HGB
Einsicht der Geschäftsbücher 716 BGB, 45 ff., 118, 157, 166, 338 HGB; der Gesellschaftsrechnung 716 BGB; des Vereinsregisters 79 BGB
Eintragung der Änderung des Vorstandes 67, 68 BGB; der Auflösung des Vereins in das Vereinsregister 74 BGB; der Entziehung der Rechtsfähigkeit eines Vereins 74 BGB, der Kommanditgesellschaft 161, 162 HGB; der Liquidatoren des Vereins 76 BGB; in das Vereinsregister 21, 55, 56, 63, 64 BGB; der Satzungsänderung 71 BGB
Eintritt der Vereinsmitglieder 58 BGB
Einwendungen des Gesellschafters der Offenen Handelsgesellschaft 129 HGB
Entziehung eines Gegenstandes des Gesellschaftsvermögens 718 BGB; der Geschäftsführung, der Vertretungsmacht (für die bürgerlich-rechtliche Gesellschaft) 712, 715 BGB, (für die Offene Handelsgesellschaft) 117, 127 HGB; der Rechtsfähigkeit bei Vereinen 43 ff., 73, 74 BGB
Erbe, Einholung der Genehmigung der Stiftung 83 BGB; Fortsetzung der Offenen Handelsgesellschaft 139 HGB; Widerruf einer Stiftung 81 BGB
Ergänzung der Einlage des Gesellschafters 707 BGB
Erhaltung des gemeinschaftlichen Gegenstandes 744, 748 BGB
Erhöhung der Gesellschaftsbeiträge 707 BGB
Erlös, Teilung 753 BGB
Erlöschen der Stiftung 88 BGB
Errichtung der Offenen Handelsgesellschaften 105 bis 108 HGB

Fahrlässige Unkenntnis über die Person und Befugnisse des Vereinsvorstandes 68, 70 BGB
Fiskus, Anfall von Stiftungsvermögen 88 BGB, von Vereinsvermögen 45, 46 BGB; Schadenshaftung für Beamte 89 BGB
Forderungen aus einer Gemeinschaft 756 BGB; gemeinschaftliche F. 754 BGB; Verkauf von F. 754 BGB; Zugehörigkeit zum Gesellschaftsvermögen 720 BGB
Form der Anmeldung zum Vereinsregister 77 BGB; des Stiftungsgeschäfts 81 BGB
Fortsetzung der Gesellschaft 724 BGB; der Offenen Handelsgesellschaft 139, 141, 144 HGB
Früchte bei der Gemeinschaft 743 BGB

Gebrauch des gemeinschaftlichen Gegenstandes 743, 746 BGB
Geld, Verwendung durch OHG-Gesellschafter 111 HGB

Sachverzeichnis

Gemeinschaft, Aufhebung 749 ff. BGB; nach Bruchteilen 741 bis 758 BGB; Forderung aus der G. 756 BGB; Gesamtschuld 755 BGB; Gewährleistung wegen Mängel der Sache 757 BGB; Rechtsnachfolger 746 BGB; Teilung 752, 753 BGB; Unverjährbarkeit der Ansprüche aus der G. 758 BGB

Gemeinwohl durch eine Stiftung 87 BGB

Genehmigung der Stiftung 80 BGB, Rückwirkung 84 BGB

Gesamthandsverhältnisse (Gesellschaft) 718 BGB

Gesamtschuld einer Gemeinschaft 755 BGB

Gesamtschuldner, Mitglieder des Vereinsvorstandes als G. 42 BGB

Gesamtschuldnerische Haftung der Liquidatoren 53 BGB; der für einen nicht eingetragenen Verein Handelnden 54 BGB

Geschäftsbeginn vor Eintragung der Offenen Handelsgesellschaft 123 HGB

Geschäftsführende Gesellschafter der bürgerlich-rechtlichen Gesellschaft 710 bis 713 BGB; der Offenen Handelsgesellschaft 114 bis 117 HGB

Geschäftsführung bei Auflösung der Offenen Handelsgesellschaft 136 HGB; bei der bürgerlich-rechtlichen Gesellschaft 709 bis 713 BGB; bei der Kommanditgesellschaft 164 HGB; bei der Offenen Handelsgesellschaft 114 bis 118 HGB; des Vereinsvorstandes 27 BGB

Geschäftsführungsbefugnis, Fortbestehen nach Auflösung der Gesellschaft 729 BGB

Gesellschaft, Ausschließung eines Gesellschafters 737 ff. BGB; Fortbestehen bei Ausscheiden eines Gesellschafters 736 BGB; auf Lebenszeit 724 BGB; Verteilung des Verlustes 735, 739 BGB; Verteilung des Überschusses 734 BGB

Gesellschaft des bürgerlichen Rechts 705 bis 740 BGB; Anwendung der Vorschriften über die Gesellschaft auf Vereine 54 BGB; Auflösung 723 ff. BGB; Beendigung 726 BGB; Berichtigung der Schulden 733 ff. BGB; Kündigung durch Gläubiger eines Gesellschafters 725 BGB; Unübertragbarkeit der Ansprüche aus der G. 717 BGB; Vertretung 714, 715 BGB

Gesellschafter nach BGB: Anteil am Gewinn und Verlust 721, 722 BGB; Auseinandersetzung 730 bis 735, 738 ff. BGB; Ausscheiden eines G. 736 ff. BGB; Ausschließung eines G. 737 ff. BGB; Geschäftsführung 709 ff. BGB; Geschäftsführung 709 ff. BGB; Geschäftsführungsbefugnis nach Auflösung der Gesellschaft 729 BGB; Haftung 708 BGB; Nachprüfungsrecht 716 BGB; Nachschüsse 707 BGB; Rechenschaftspflicht 740 BGB; Tod des G. 727, 736 BGB

Gesellschaftsanteile, Pfändung 725 BGB

Gesellschaftsverhältnis, Unübertragbarkeit der Ansprüche 717 BGB

Gesellschaftsvermögen, Begriff 718 BGB; Verfügung über G., Teilung 719

Gesellschaftsvertrag der Offenen Handelsgesellschaft 109 HGB

Gewährleistung bei Zuteilung eines gemeinschaftlichen Gegenstandes 757 BGB

Gewinn, Anteil des Gesellschafters bei Ausscheiden 740 BGB; Verteilung an die Gesellschafter 721, 722 BGB

Gewinnanteil des Gesellschafters der Offenen Handelsgesellschaft 120, 121 HGB; des Kommanditisten 168 HGB; des stillen Gesellschafters 336 HGB

Gewinnverteilung bei BGB-Gesellschaft 721, 722 BGB

Gläubiger eines Gesellschafters, Kündigung der Gesellschaft 725 BGB; eines Vereins, Sicherung 52 BGB

Grobe Pflichtverletzung des geschäftsführenden Gesellschafters 712, 715 BGB, 117 HGB; des Vereinsvorstandes 27 BGB

Guter Glaube des Schuldners 720 BGB

Haftung des Fiskus für Beamte 89 BGB; des Gesellschafters 708 BGB, der Offenen Handelsgesellschaft 128 ff. HGB; der Kommanditisten 171, 176 HGB; der Liquidatoren des Vereins 53 BGB; für Sorgfalt wie in eigenen Angelegenheiten 708 BGB; der Stiftungen, Kör-

perschaften und Anstalten des öffentlichen Rechts für Organe 89 BGB; des Vereins 31 BGB; der Vereinsvorstandsmitglieder 42, 53 BGB
Handelsgesellschaften 105–177 HGB; Kommanditgesellschaft 161–177 HGB; Offene Handelsgesellschaft 105–160 HGB
Handelsregister, Eintragungen 106, 143, 144, 148, 157, 174 HGB
Hinterlegung bei Auflösung eines Vereins 52 BGB

Idealverein, Rechtsfähigkeit 21, 55

Juristische Personen 21–89 BGB; des öffentlichen Rechts 89 BGB; Stiftungen 80–88 BGB; Vereine 21–79 BGB

Kapitalanteil des Gesellschafters der Offenen Handelsgesellschaft 120 ff. HGB; des Kommanditisten 167 ff. HGB
Kennen und Kennenmüssen bei Änderung des Vereinsvorstandes 68, 79 BGB
Kommanditgesellschaft 161–177 HGB; Anmeldung 162 HGB; Ausscheiden eines Kommanditisten 162 HGB; Begriff 161 HGB; Einlage 172, 174, 175 HGB; Eintritt eines Kommanditisten 162, 173, 176 HGB; Eröffnung des Konkurs- oder Vergleichsverfahrens 177 a HGB; Geschäftsbeginn vor Eintragung 176 HGB; Geschäftsführung 164 HGB; Gewinn 167–169 HGB; Haftung der Kommanditisten 161, 171, 173, 176 HGB, der Komplementäre 161 HGB; Herabsetzung der Einlage 174 HGB, Kontrollrecht des Kommanditisten 166 HGB; Rechtsverhältnisse der Gesellschaft untereinander 163–169 HGB; Tod eines Kommanditisten 177 HGB; Vertretung 170 HGB
Kommanditist, Begriff 161 HGB; keine Vertretungsmacht 170 HGB
Konkurs über die Kommanditgesellschaft 177 a HGB; einer Offenen Handelsgesellschaft 130 a HGB; einer Stiftung oder Körperschaft 86, 89 BGB; von Vereinen 42 BGB; über das Vermögen des Gesellschafters 728, 736 BGB; 131, 144, 341, 342 HGB
Konkurseröffnung bei Vereinen 74, 75 BGB
Körperschaft des öffentlichen Rechts, Haftung für Organe 89 BGB
Kosten bei der Gemeinschaft 748 BGB
Kündigung der Gemeinschaft 749 BGB; der Geschäftsführung 712 BGB; der Gesellschaft des bürgerlichen Rechts 723 ff. BGB; der Offenen Handelsgesellschaft durch Gesellschafter 132 HGB, durch den Privatgläubiger 135 HGB; der Vereinsmitgliedschaft 39 BGB

Länder, Genehmigung von Stiftung 80 BGB; Verleihung der Rechtsfähigkeit an Verein 22 BGB
Landesgesetze 44 BGB
Lasten des gemeinschaftlichen Gegenstandes 748 BGB
Lebenszeit, Gesellschaft auf L. 724 BGB
Liquidation eines Vereins 47 ff. BGB
Liquidationsgesellschaft 156 HGB
Liquidatoren, Befugnisse 149 ff. HGB; der Offenen Handelsgesellschaft 146 ff. HGB; des Vereins 48–50, 53, 76–78 BGB; Zwangsgeld 78 BGB
Los, Entscheidung, Verteilung bei Aufhebung einer Gemeinschaft 752 BGB

Mangel der Sache 757 BGB
Mängelgewähr bei Zuteilung einer Sache 757 BGB
Mehrheit bei Abstimmungen und Beschlüssen 709, 702 BGB, 119 HGB; der Gemeinschaft 745 BGB; der Liquidatoren 150 HGB
Mindestmitgliederzahl eines Vereins 73 BGB
Mindestzahl der Vereinsmitglieder 56 BGB

Sachverzeichnis

Mitglieder von Vereinen 32–39 BGB
Mitgliederversammlung bei Vereinen 27, 32 ff. BGB
Mitgliederverzeichnis bei Vereinen 72 BGB
Mitgliederzahl eines Vereins 73 BGB
Mitgliedschaft bei Verein 38 BGB

Nachlaßgericht, Einholung der Genehmigung einer Stiftung 83 BGB
Nachprüfungsrecht des Gesellschafters der bürgerlichen Gesellschaft 716 BGB
Nachschüsse der Gesellschaft 707 BGB
Name des Vereins 57, 65 BGB
Negative Publizität des Vereinsregisters 68 BGB
Nichtigkeit von Vereinbarungen bei der Gemeinschaft 749 BGB, bei der Gesellschaft 723 BGB
Nichtrechtsfähige Vereine 54 BGB
Notbestellung des Vereinsvorstands 29 BGB
Nutzungen, Teilung bei der Gemeinschaft 745 BGB

Offene Handelsgesellschaft 105–160 HGB; Anmeldungspflicht 106, 125, 143, 144, 157 HGB; Auflösungsgründe 131 HGB; Beschlußfassung 119 HGB; Bilanz 120, 154 HGB; Errichtung 105–108 HGB; Firma 106, 107, 153 HGB; Form der Anmeldung 108 HGB; Fortsetzung 139, 141, 144 HGB; Geschäftsbeginn vor Eintragung 123 HGB; Geschäftsführung 114–118 HGB; Gesellschaftsvertrag 109 HGB; Gewinnanteil der Gesellschafter 120 ff. HGB; Kapitalanteil der Gesellschafter 120 ff. HGB; Konkurs eines Gesellschafters 131, 137, 138, 142 HGB; Kündigung 131, 132 HGB, durch einen Privatgläubiger 135 HGB; Liquidation 145–158 HGB; Pflichten der Gesellschafter 111–114 HGB; Prokura 116 HGB; Rechte der Gesellschafter 110, 114–122 HGB; Rechts- und Parteifähigkeit 124 HGB; Rechtsverhältnis der Gesellschafter zu Dritten 123–130 HGB, der Gesellschafter untereinander 109–122 HGB; Tod eines Gesellschafters 131, 137, 138 HGB; Verteilung des Gesellschaftsvermögens 155 HGB; Vertretung 125 ff. HGB; Wettbewerbsverbot 112, 113 HGB; Zeichnung der Gesellschafter 108 HGB; Zwangsvollstreckung 124, 129 HGB; Zweck 105 HGB
Öffentliches Recht 36 HGB; juristische Personen 89 BGB
Öffentliches Vereinsrecht, Einspruch 61 BGB; Entziehung der Rechtsfähigkeit 73 BGB
Öffentliche Versteigerung einer gemeinschaftlichen Sache 753 BGB
Öffentlichkeit des Vereinsregisters 79 BGB
Organ eines rechtsfähigen Vereins 26 BGB, einer Stiftung 26, 86 BGB

Parteifähigkeit der Offenen Handelsgesellschaft 124 HGB
Passivlegitimation der Offenen Handelsgesellschaft 124 HGB
Personen, juristische 21–89 BGB
Pfändung von Anteilen bei einer Gemeinschaft 751 BGB, eines Gesellschaftsanteils 725 BGB, 135 HGB
Pflichtwidrigkeit der Gesellschafter 712, 715 BGB, 113, 133 HGB, des Vereinsvorstands 27 BGB
Publizität des Vereinsregisters 68 BGB

Rechenschaftspflicht des Gesellschafters 713, 740 BGB
Rechnungsabschluß bei der Gesellschaft 721 BGB
Recht, Gemeinschaft an R. 741–758 BGB
Rechtsfähigkeit juristischer Personen 21 ff., 42 ff. BGB; der Offenen Handelsgesellschaft 124 HGB; von Vereinen 21 ff., 42 ff. BGB; Verlust 73 BGB

Sachverzeichnis

Rechtsgeschäfte des Vereins mit seinen Mitgliedern 34 BGB
Rechtsnachfolge, Aufnahme in die Gemeinschaft, Aufhebung der Gemeinschaft 751 BGB, Verwaltung des Gegenstands 746 BGB
Registerauszug über Mitglieder des Vereinsvorstandes 69 BGB
Rückwirkung der Genehmigung des Stiftungsgeschäfts 84 BGB

Satzung des Vereins 33, 36, 39 ff., 45, 57, 58, 66 BGB, Eintragung der Änderung 71 BGB
Schadensersatzpflicht bei der Gesellschaft 723 BGB
Schadenshaftung des Vereins 31 BGB
Schätzung des Gesellschaftsvermögens 738 BGB
Schriftform für das Stiftungsgeschäft 81 BGB
Schulden der Gesellschaft, Berichtigung 733 ff. BGB
Schuldner, Schutz des gutgläubigen Schuldners 720 BGB
Schutz des gutgläubigen Schuldners 720 BGB
Sicherung der Gläubiger des Vereins 52 BGB
Sitz der Handelsgesellschaft 106 HGB; der Stiftung 80 BGB; des Vereins 24, 55, 57, 64 BGB
Sorgfalt des Gesellschafters 708 BGB
Sperrjahr bei Vereinsliquidation 51 BGB
Stifter, Verpflichtung 82 BGB
Stiftung 80–88 BGB; Anfall von Vereinsvermögen 85 BGB; Öffentlich-rechtliche Stiftung, Schadenshaftung für Organe 89 BGB; Rückwirkung der Genehmigung 84 BGB; Zuweisung von Vereinsvermögen 45 BGB
Stiftungsgeschäft, Form 81 BGB; von Todes wegen 83 BGB
Stille Gesellschaft 335–342 HGB; Auflösung 339, 340 HGB; Auseinandersetzung 340 HGB; Bilanz 338 HGB; Gewinnanteil 336 HGB; Gewinnauszahlung 337 HGB; Konkurs 341, 342 HGB; Kündigung 339 HGB; Rückzahlung 342 HGB
Stiller Gesellschafter, Tod 339 HGB
Stimmenmehrheit bei Gemeinschaft 745 BGB; der Gesellschafter 709, 712 BGB; in Vereinsmitgliederversammlung 32 ff. BGB
Stimmrecht der Vereinsmitglieder 34 BGB
Strafvorschriften bei unterlassenem Antrag auf Konkurseröffnung 130b HGB
Surrogation beim Gesellschaftsvermögen 718 BGB

Teilhaber einer Gemeinschaft 756 BGB
Teilung der gemeinschaftlichen Sache 752, 753 BGB; des Gesellschaftsvermögens 719 BGB
Testamentsvollstrecker, Einholung der Genehmigung der Stiftung 83 BGB
Tod des Gemeinschaftsteilhabers 750 BGB; des Gesellschafters 727, 736 BGB; 131, 137 ff., 339 HGB; des Teilhabers 750 BGB

Übernahme des Geschäfts durch Gesellschafter 142 HGB
Überschuldung der Gesellschaft 735, 739 BGB; der Kommanditgesellschaft 177a HGB; einer Körperschaft des öffentlichen Rechts 89 BGB; der Offenen Handelsgesellschaft 130a HGB; einer Stiftung 86 BGB; eines Vereins 42 BGB
Überschuß der Gesellschaft, Verteilung 734 BGB
Übersicht über Gesellschaftsvermögen 716 BGB
Übertragbarkeit der Rechte aus dem Gesellschaftsverhältnis 717 BGB; der Vereinsmitgliedschaft 38 BGB
Übertragung der Gesellschaftsrechte 717 BGB
Umwandlung einer Stiftung 87 BGB
Unmöglichkeit des Zwecks einer Stiftung 87 BGB
Unterschrift, Zeichnung 108, 148 HGB

Sachverzeichnis

Verbrauchbare Sachen als Beitrag der Gesellschafter 706 BGB
Verein 21–54 BGB; Auflösung 41, 45, 74 BGB; Austritt 39 BGB; eingetragener V. 55–79 BGB; Eintragung der Liquidatoren 76 BGB; Inhalt der Eintragung des V. 64 BGB; Konkurseröffnung 74, 75 BGB; Liquidation 47 ff. BGB; Mindestmitgliederzahl 73 BGB; Name 57, 65 BGB; nicht rechtfähiger V. 54 BGB; Organe 26 BGB; rechtfähiger V. 21 ff. BGB; Satzung 25 BGB; Schadenshaftung für den Vorstand 31 BGB; Sitz 24 BGB; Vertreter 30 BGB
Vereinsmitglieder, Eintritt, Austritt 58 BGB; Mindestzahl 56 BGB; Rechte 34 ff., 38 BGB; Versammlung 27, 32 ff. BGB; Verzeichnis der V. 72 BGB
Vereinsmitgliedschaft, Unübertragbarkeit 38 BGB
Vereinsregister 21, 55, 56, 59, 60, 63, 64, 67 ff., 74 ff. BGB; Einsicht 79 BGB; Form der Anmeldung 77 BGB
Vereinssatzung 25, 27, 30, 33, 39, 40, 45, 57, 58, 66 BGB; Eintragung der Änderung 71 BGB
Vereinsvermögen, Anfall bei Auflösung oder Entzug der Rechtsfähigkeit 45 ff. BGB
Vereinsvorstand 26 ff., 42, 48 ff., 58, 59, 67 ff. BGB; Änderung 67, 68 BGB; Beschlußfassung 70 BGB; Zwangsgeld 78 BGB
Verfassung der Stiftung 85, 87 BGB; der Vereine 25 BGB
Verfügung über Gesellschaftsvermögen 719 BGB
Vergleich, konkursabwendender V. 130a, 177a HGB
Vergleichsverfahren beim Verein 42 BGB
Verjährung der Ansprüche gegen Gesellschafter einer Offenen Handelsgesellschaft 159, 160 HGB, der Offenen Handelsgesellschaft gegen Gesellschafter 113 HGB; ausgeschlossen bei der Gemeinschaft 758 BGB
Verleihung der Rechtsfähigkeit an Verein 22, 23, 43, 44 BGB
Verlust der Rechtsfähigkeit 42, 73 BGB; Verteilung des V. bei der Gesellschaft 721, 722, 735, 739, 740 BGB, bei der Offenen Handelsgesellschaft 120 HGB
Vermögen des Vereins 45–53 BGB
Verpflichtung des Stifters 82 BGB
Verteilung des Gewinnes oder Verlustes der Gesellschaften: BGB-Gesellschaft 721, 722 BGB; Offene Handelsgesellschaft 121, 122 HGB, Stille Gesellschaft 336, 337 HGB
Vertreter einer Stiftung 30, 86 BGB; eines Vereins 30 BGB
Vertretung der Gesellschaft 714, 715 BGB; der Offenen Handelsgesellschaft 125 ff. HGB; des Vereins 26 BGB
Vertretungsmacht des Vereinsvorstandes 26, 30, 64, 70 BGB
Verwaltung der Gemeinschaft 744 ff. BGB; von Stiftungen 80, 86 BGB
Verwaltungsbehörden, Einspruch gegen Vereinsanmeldung 61 ff. BGB
Verzeichnis der Vereinsmitglieder 72 BGB
Vollmacht eines geschäftsführenden Gesellschafters 710 ff., 714, 715 BGB
Vorstand der Stiftung 86 BGB; des Vereins 26 ff., 42, 58, 59, 67 ff., 71, 74, 76 BGB

Wettbewerbsverbot 12, 113, 165 HGB
Wichtiger Grund für Kündigung der Gesellschaft 723 BGB
Widerruf der Bestellung des Vereinsvorstandes 27 BGB; der Stiftung 81 BGB
Widerspruch des Gesellschafters 711 BGB
Willenserklärung gegenüber Vereinen 28 BGB
Wirtschaftliche Vereine 22, 43, 44 BGB

Zahlungsunfähigkeit der Kommanditgesellschaft 177a HGB; der Offenen Handelsgesellschaft 130a HGB
Zerstörung eines Gegenstandes des Gesellschaftsvermögens 718 BGB
Zeugnis des Registergerichts 69 BGB

Sachverzeichnis

Zurückweisung der Anmeldung eines Vereins 60 BGB
Zuständiges Gericht bei Entziehung der Rechtsfähigkeit eines Vereins 44 BGB
Zwangsgeld gegen Liquidatoren und Vorstandsmitglieder 78 BGB
Zwangsversteigerung bei Teilung einer Gemeinschaft 753 BGB
Zwangsvollstreckung gegen Gesellschafter der Offenen Handelsgesellschaft 129 HGB, in das Vermögen der Offenen Handelsgesellschaft 124 HGB

www.ingramcontent.com/pod-product-compliance
Lightning Source LLC
LaVergne TN
LVHW042248300926
849161LV00003B/519

* 9 7 8 3 4 8 6 2 5 8 1 1 0 *